河南兴文化工程文化研究专项项目阶段性成果（项目编号：2022XWH137）
河南省高等教育教学改革研究与实践重点项目（项目编号：2021SJGLX047）
郑州大学教学改革项目（项目编号：2022ZZUJG052）

乡村文化与乡村规划

主编 张 东 刘晨宇

郑州大学出版社

图书在版编目（CIP）数据

乡村文化与乡村规划／张东,刘晨宇主编.—郑州:郑州大学出版社,2022.8

ISBN 978-7-5645-9066-6

Ⅰ.①乡…　Ⅱ.①张…②刘…　Ⅲ.①乡村规划–研究–河南
Ⅳ.①TU982.296.1

中国版本图书馆 CIP 数据核字（2022）第 161483 号

乡村文化与乡村规划

XIANGCUN WENHUA YU XIANGCUN GUIHUA

策划编辑	祁小冬	封面设计	苏永生
责任编辑	刘永静	版式设计	凌　青
责任校对	吴　波	责任监制	李瑞卿

出版发行	郑州大学出版社	地　　址	郑州市大学路 40 号（450052）
出 版 人	孙保营	网　　址	http://www.zzup.cn
经　　销	全国新华书店	发行电话	0371-66966070
印　　刷	广东虎彩云印刷有限公司		
开　　本	710 mm×1 010 mm　1／16		
印　　张	12	字　　数	190 千字
版　　次	2022 年 8 月第 1 版	印　　次	2022 年 8 月第 1 次印刷

书　　号	ISBN 978-7-5645-9066-6	定　　价	29.00 元

本书作者
AUTHORS

主　　编　张　东　刘晨宇

参　　编　程明洋　陈　琛

前言

FOREWORD

··

自从党的十九大提出实施乡村振兴战略后,乡村再一次成了热点。在这个过程中,乡村的研究远滞后于乡村的快速发展。如何让乡村文化得以延续,让乡村恢复活力,让乡村"慢"下来,能够从"输血式"的发展转变为"自我造血"的良性循环,这些都是乡村发展历程中的关键点。

本教材是基于郑州大学建筑学院人才培养的方案展开的,紧密结合中原地区乡村广阔腹地和历史文化遗产丰富等特点,将中原地区乡村建设的发展等纳入教学体系中,运用不同的方法对中原乡村发展进行新的思考和新的尝试。

本教材的主要内容为在注重乡村文化系统性的前提下,对中原各个地域分区乡村共性特征、典型文化带乡村分布特征、量化的乡村分析方法、乡村规划的编制方法等知识点进行阐述。本教材强调乡村研究与乡村规划实践相结合,抽取乡村规划实践过程中的关键点进行研究,让乡村规划实践工作更加具有逻辑性和系统性。

本教材编写工作主要由张东、刘晨宇完成,教师程明洋、陈琛参与编写,研究生李林汝、石春华、石子璇、陈笛涵、黄媛婷、吴苗苗参与文字整理和图纸绘制等工作。

由于编写时间有限,书中难免会有不当和疏漏之处,恳请读者批评指正。

编 者

2022 年 5 月

目 录

CONTENTS

第1章　乡村与乡村文化 ………………………………………… 1

1.1　乡村 …………………………………………………………… 1

1.2　乡村文化 ……………………………………………………… 2

1.3　中原文化与中原地区乡村发展 ……………………………… 4

第2章　乡村地域谱系划分——以中原地域为例 …………… 7

2.1　中原地域特征 ………………………………………………… 7

2.2　中原乡村的地域谱系划分 …………………………………… 9

2.3　中原乡村的分区 ……………………………………………… 12

第3章　文化脉络下的乡村空间 ……………………………… 40

3.1　乡村空间组成 ………………………………………………… 40

3.2　乡村空间文化特征 …………………………………………… 52

第4章　量化分析下乡村空间研究 …………………………… 55

4.1　空间句法对乡村空间结构的研究运用 ……………………… 55

4.2　ArcGIS 分析与运用 ………………………………………… 81

4.3　分形理论 ……………………………………………………… 102

4.4　空间句法与 ArcGIS 相结合综合运用:以姓氏宅院剖析

　　乡村空间格局 ………………………………………………… 111

4.5 乡村量化研究发展趋势 ···················· 119

第 5 章 乡村规划的内容及方法 ·················· 122

5.1 乡村规划的概念和相关法规 ················ 122

5.2 乡村调查与分析 ······················ 125

第 6 章 乡村规划实例 ······················ 138

6.1 具有历史价值乡村规划编制实例剖析 ············ 138

6.2 实用性乡村规划编制 ···················· 145

参考文献 ····························· 180

第 1 章　乡村与乡村文化

1.1　乡村

乡村多指居民以农业为经济活动基本内容的一类聚落的总称,就是我们常指的"村庄""农村",多指城镇以外的区域,可以指位于乡下的聚落,也可以指非城市的广大区域。乡村其实是传统中国最低的国家行政单位的地缘组织。乡村也指具有大面积的农业或林业土地利用,或有大量的各种未开发的土地的地区;其建筑物与周围广阔的景观有强烈的依存关系,乡村也被认为产生了一种以基于对环境的尊敬和作为广阔景观的一部分的一致认同为特征的生活方式。台湾学者郭肇立认为村落是一个个的"共同体",具备以下特征:"这群人建立的活动交往关系;此生活的共同体所具备的实质空间;实质空间与生态的环境的平衡;整体价值观和文化上的意义。"概括起来村落具备以下特征:

(1)从结构来看,村落与城市有一定的同构性。"村落与城市一样,都是人们生产、生活、休息和进行政治、文化活动的场所",村落中也分布着手工业作坊,商品买卖的商店和集市,村落百姓也在从事农业、手工业等活动,只是村落的规模比城市要小得多。

(2)从职业的角度来说,生活在某个地域范围内的人们拥有土地并直接取资于土地,从事农业生产的,以农业生产为主体的场所就可以称之为村落。"乡下人离不了泥土,因为在乡下住,种地是最普通的谋生手段,土地是他们的命根"(费孝通,2005),村落和土地有密不可分的关系,其中有农民赖以生存的土地。

(3)从乡村社会的本质属性来看,村落就是以乡土文化为特征的地域聚落实体。从三五户到几千户的大村落,无论村落大小,都会有一种内在的文化在维系着乡村的良性运行和发展,是一个熟悉的社会,没有陌生人的社会,成为一个"生于斯、死于斯的社会"(费孝通,2005)。

总结起来看,不同的学科对乡村有着不同的理解和定义,生态学和地理学从人口分布、景观、土地利用特征等方面,认为乡村是城镇建城区之外的一切区域,是一个空间地域系统。社会学则从社会文化的结构来定义乡村,即以血缘、地缘为主要的社会关系的传统、地方性的社会群体,乡村是一个扩大化的家庭,彼此之间有着千丝万缕的联系。从产业的角度来看,指的是以农业生产为主体的地域,农业生产为生存和发展的前提和条件,农民就是在这片土地上从事农业生产的人。在国土空间规划的宏观背景之下,乡村多指城镇开发边界之外的广大区域,往往包含着不同于城镇开发强度的土地、生态敏感度高的乡土环境等等。

1.2　乡村文化

乡村文化指乡村中非物质形态的乡村遗产,是村民在农业生产与生活实践中逐步形成并发展起来的道德情感、社会心理、风俗习惯、是非标准、行为方式、理想追求等,表现为民俗民风、物质生活与行动章法等,以言传身教、潜移默化的方式影响人们,反映了村民的处事原则、人生理想以及对社会的认知模式等,是村民生活的主要组成部分,也是村民赖以生存的精神依托和意义所在。乡村文化与乡村的物质空间相互影响,乡村文化能够塑造乡村空间,乡村空间能够反映乡村文化。乡村文化也指在特定的乡村社会生产方式的基础上,以农民为主体,建立在乡村生活体上的文化,是百姓价值观、生活方式和交往方式等深层次的心理结构的反映。因此,在乡村发展的过程中,乡村文化是一条隐形的脉络,我们在挖掘乡村物质形态的同时,不能忽略乡村隐形的脉络,更多的时候,隐形脉络更能反映乡村的真实本质。

乡村作为人居环境中最弱小的单元,在生长发展过程中显现出了灵活性与多变性,总能与周边的地域环境和文化圈层产生良性互动,从自身反映出地域与文化的印迹,向我们传达着丰富的自然、历史、社会、政治、文化、伦理、经济乃至技术等诸多信息。

人、村、地三者之间存在着关联性和制约性。人、地因素的改变会影响村落本身的变化,反过来,村落也会塑造人,也会融入环境。乡村保持着相对系统的文化体系、原生态的生存环境和稳定的社会结构,人、村、地三者的关系通过村落的空间形态得以系统地展现出来。

1.2.1　乡村中的权力结构

一直以来,乡村都有着相对特殊的权力结构,这种权力结构是建立在相对稳定的社会秩序之上的。例如,乡规民约就是一种广泛良性循环运用于乡村,并约束百姓言行的一种乡村制度。乡规民约发轫于宋,推行于明清,它以稳固乡村社会秩序为目的,由官府倡导,乡民自行制定,共同遵守,并在执行上组织化、制度化。

中华人民共和国成立以后,在乡村地区成立了人民公社,形成了由公社、生产大队、生产队、社员共同组成的组织结构体系,全面负责乡村百姓的身份、收入和生活资料的分配。实行人民公社制度这段特殊时期,由于乡村社会体制的运行,对乡村传承下来的物质结构造成了一定的破坏,乡村地区形成了"支离破碎"的乡村形态。随着改革开放的进行和乡镇基层政权的建立,人民公社制度取消。新的时期,国家在努力推行乡村基层的社会管理制度,都是基于乡村单元的空间载体对乡村的政策有效下达和实施,形成了乡村的基本框架,也是理解乡村空间结构的一个重要视角。

1.2.2　乡村中的文化信仰

长期以来,由于农村社会的封闭性,乡村文化具有乡土性和稳定性的特征。在不同的文化地域分区中,也存在着相对完整的文化地理分区,表现在语言、饮食、乡村营建、环境认知等各个方面存在着类似性,划定地域分区也是理解乡村文化信仰的一个重要手段。

比如,在乡村选址和布局上,就受到了乡村百姓文化信仰的影响,其中对地形地貌、地质、水文、气候等选址要素做出综合的判断和考量,结合乡村内部的文化传承进行乡村的营建、改扩建,这其中不乏夹杂着乡村社会朴素的宇宙观,也是对自然环境认知的一种态度。

3

1.2.3 乡村中的宗族制度

乡村中宗族制度往往对乡村聚落内部的空间组织起到了深远的影响,乡村院落的分割、组织与组合往往能够显示出宗族关系的演变,乡村公共空间和宗族空间的规模和布局是一个地方乡村社会组织架构的浓缩与体现。宗族信仰是一方水土一方人的情感寄托,也是中华民族历史文化和精神感情之根。体现宗族精神的乡村空间往往是一个乡村的精神核心和特色之处,是一个乡村的精神内核。

1.3 中原文化与中原地区乡村发展

从全国的视角,有学者以乡村为研究对象,从文化地理的角度将全国划分成了汉族区域、民族片区和民系片区等,同时每个片区内部还可以进行进一步的亚区划分。中原文化是全国文化圈中的一个重要文化脉络,在中原地区诞生了大量的文明。

1.3.1 中原文化

中原文化即中原地区物质文化与精神文化的总和。在古代文献中,中原地区这一地域概念,有"中原""中土""中夏""中州"等多种称谓。这些称谓因时代变化而异,范围也有所区别。中原有狭义和广义两种解释,狭义的中原指今河南一带。广义的中原至今学术界依然有争议,有的人认为是黄河中下游地区,即今天河南的大部、山东的西部以及河北、山西的南部;有的人则认为应该将整个黄河流域归为中原;还有少数人认为"禹定九州、制九鼎",九州即中原。"中原文化"一词,也同样有狭义与广义之分。狭义的概念从文化角度出发,从文化的性质、特征上理解中原,将中原地区放在一个大的文化背景上进行多层次、多角度的研究,将中原文化历史悠久的性质以及积淀深厚的特征表现出来。广义的"中原文化"包括中原地区意识形态等诸多方面,如哲学、文学、史学、艺术等,也包括考古学上说的诸如裴李岗文化、仰韶文化、龙山文化、二里头文化等。

由于地理、历史和文化等原因,河南的传统文化是中原地域文化的主体。河南古为豫州,简称"豫",因其大部位于黄河以南而得名。《周礼·职方》及《尔雅·释地》曰:"河南曰豫州"。《吕氏春秋》有记载:"河汉之间为豫州",泛指黄河以南、汉水以北地区,基本上和今天黄河以南的所辖区域吻合。《读史方舆纪要》曰:"河南阃域中夏,道里辐辏",因古时豫州位于九州中心,因此又有"中州""中原"之称。到六朝时期,"中原"已成为一个专用的地理名词,学者任崇岳在其著作《中原地区历史上的民族融合》中指出狭义的中原就是指今日的河南;学者郑东军也认为狭义上的"中原"又称中州,指的就是今天的河南省;王会昌指出"中原文化区主要依托今天的河南省,中原文化区是整个中国文明区的缩影"。

书中所指的中原地区包含两层的含义:第一,从地域范围来看,中原地区指的就是今天河南省行政区划的范围;第二,从文化圈层的影响来看,中原又是一个大的文化体系,具有很强的包容性,是多种文化交织的发生地。也有学者认为河洛文化就是中原文化的泛称,可以肯定的是,河南尤其是豫中地区乃是中原地域文化的重要承载之地。顾祖禹所著的《读史方舆纪要》中有这样的记载:

河南,古所称四战之地也。当取天下之日,河南有所必争。及天下既定,而守在河南,则岌岌焉有必亡之势矣。周之东也,以河南而衰,汉之东也,以河南而弱,拓跋魏之南也,以河南而丧乱。

《周礼·职方》又有记载:

河南曰豫州,豫州在九州之中,言常安逸。又云:禀中和之气,性理安舒,故云豫也。

中原文化辐射范围包括黄河流域乃至中国的北方,也可以理解为儒家文化传播范畴内的传统文化总体,也是河南传统地域文化的主要脉络。

1.3.2　中原地区乡村现状

通过对中原地区的乡村走访调查发现,中原地区的乡村主要存在着不同地域分区发展差异大、整体发展水平不高的状况,城镇化对乡村的影响巨大。大部分的乡村面临着人口骤减、老龄化严重、空间形态遭到破坏等状况。百姓设法离开村落是不争的事实,很多年轻人远走他乡打工、经商,留守的多为老人和儿童。造成这种状况的原因最主要有以下三点:第一,务农的土地收益难以维系正常的家庭支出;第二,为给子女提供更好的教育;第三,城市工作收入相对更高。这三点是造成传统村落空虚、人口稀少的主要原因。同时,城镇化使得许多乡村并入了城市,划入到城市中的乡村百姓没有了赖以生存的土地,成了城市中较为特殊的一个群体。

文化信仰或者文化遵从的改变,也很容易对村落系统造成破坏甚至摧毁。村落在长期发展中,其语言、宗族关系、改造自然形成的世界观等文化因素维持着传统村落的社会系统与文化生态系统的平衡。文化信仰的改变可能改变村落的社会结构、自然生态结构,如宗族观念的消失就会导致以血缘为纽带的村落的消亡,宗祠、家庙建筑的破败等。

第 2 章 乡村地域谱系划分
——以中原地域为例

　　谱系划分是对乡村进行分区、分类的一种手段,将类似的自然环境、社会风俗习惯影响下具有共同特征的乡村视为一个地域分区,进一步对分区内乡村的共性特征进行分类和整理,以某种可视化的方式进行表达。有学者通过抓住聚落、建筑和非遗这三个因素进而掌握地域分区中的乡村的典型特征,进行分类提炼,寻找其中的异同,进行乡村谱系的绘制。

　　国内乡村谱系有着非常丰富的类型,比如浙江,可以进一步地划分为东、西、南、北四个地区,浙东以楠溪江流域乡村为典型,宗祠、文教建筑发达;浙西靠近徽州,村落种族和理学文化发达,多祠堂少庙宇。在这种文化氛围影响下,乡村也有很大的差异性,浙东宅院以半开敞的中小型三合院居多,浙西则多以封闭的院落为主,规模较大。

　　中原地区的乡村有着非常清晰的脉络,豫北、豫南、豫西南、豫西等区域的乡村都有着各自的特点和脉络,下文将对中原各个地域分区的乡村进行谱系划分,对各个区域的乡村特点进行总结。

2.1　中原地域特征

　　中原地区主要限定在河南省行政区划范围内,河南地处中国的中部,文化厚重,乡村发展的脉络从夏商到元明清的各个发展时期都可以在河南找到实物例证。同时,河南也承载着中原厚重的文化,《筹豫近言》中有这样的描述:

　　河南古为禹贡,豫州之域,西南阻荆山,北距大河,平原广衍,沃野千里,绮绣交错,属地大物博,在夏后之世已足衣,被天下自时厥后,殷人五迁,逐河流而处,周人东宅洛邑,以物产丰饶,风雨和会,常为天下重,然天下有事则驰中原,又为四战,必争之地。

河南的地域文化是其他地区无法比拟的,以中原文化为主体,河洛文化、河内文化、黄淮文化、楚文化等多种文化流派都曾经在这里扎根并发扬光大。

河南地形地貌特征也非常明显,处于我国第二阶梯与第三阶梯过渡地带,有山地、丘陵、平原、盆地等多种类型的地理特征。河南气候过渡性明显,地区差异性大。不同的地域特征必然孕育出丰富多彩的乡村文化和村落形态,河南有着相对清晰的地域分区,衍生了丰富多彩的特色乡村。河南是农业大省,相当多的乡村还处于一元经济时代,保留了较好的生产方式和村落空间形态,尤其是以农业为基础的传统特色乡村有着很好的生存土壤,河南的传统乡村为研究提供了一个很好的实验场地。

传统村落是乡村中的精华和浓缩,是乡村空间保存相对完整、历史遗产承载厚重的乡村代表。从 20 世纪 90 年代开始,在冯骥才、陈志华等著名学者不断地奔走争取下,传统乡村历史遗产的保护与发展在专业领域内不断得到认知和理解。近些年来,传统村落保护上升到了国家层面的发展战略,国家开始对不断消失的乡村进行抢救性的保护,最大程度地保护乡村的历史遗产价值并进行活态传承。2012 年 8 月,我国住房和城乡建设部(简称住建部)等三部委联合印发了《传统村落评价认定指标体系(试行)》,传统村落的评定主要从聚落、建筑和非遗这三个因素来考量。聚落指村落选址、布局,建筑指现存传统建筑,包括历史较长的或以传统技术建造的。传统村落的评价体系中以久远度、稀缺度、传统建筑占地规模、传统建筑用地比例,建筑功能的丰富度、完整性、工艺美学价值、传统营造技艺传承等方面来全面考量传统村落的评定。

截至目前,河南有中国传统村落共 275 个,它们分布在河南不同的地域分区中。通过综合比较河南的传统村落,发现其地域分布规律同样受到了地理、经济、社会等因素的影响(表 2-1):

(1)城镇化的逆向影响,城镇化发展水平高,传统村落就少。

(2)传统村落生存的地理环境特征明显,主要分布在山区、浅山区和平原的过渡地带,区域普遍存在着地形地貌多变、环境层次丰富等现象,适宜各种农业类型发展。

（3）水患灾害在河南影响至深,河南东南部的黄泛区,驻马店板桥水库周边等洪灾泛滥区域,往往是传统村落的空白区。

表 2-1　河南传统村落分布规律

影响因素	主要分布区域
地理因素	主要是山区,如秦岭余脉的外方山、熊耳山、崤山、伏牛山,豫北的太行山,豫南的大别山; 第二、第三阶梯的过渡地带,山区与平原交会地带的浅山区; 山前平原、环嵩山带; 河流沿线如伊洛河、黄河沿线
经济因素	远离快速城镇化发展的区域; 现代经济相对落后、偏远地区; 远离现代交通的线路; 历史上经济繁荣的区域、主城池周边
社会因素	古商道、古官道、古河道等线性要素沿线; 重要文化圈层影响区域,如豫西南的楚文化圈等; 典型的非物质文化影响区域
其他因素	自然灾害影响较少的区域,如豫东南黄泛区就没有传统村落的分布

资料来源:笔者整理。

2.2　中原乡村的地域谱系划分

2.2.1　中原乡村空间谱系

对中原地区传统村落进行地域分区的实质其实是以传统村落等有地域特色的乡村为对象,这部分乡村是从历史上一脉传承下来的,与地域关系结合更加紧密。而且根据调查走访发现,某一个地域分区内的乡村的空间特征有一定的同构性,根据影响乡村空间形态的因素,归纳中原乡村在地理空间上的分布特征。乡村的地域分区也体现了传统村落中人的活动与其所处的环境的关系,村落的地域分异现象是一种客观存在,不同地区的乡村房屋结构形式、村落形态都有着明显的差别,各种不同聚落的用地也不同,它们在地理分布上,或有明显的分界线,或者逐渐过渡;处于相同自然条件下的民居及村落其形态便包含许多共同的特征,而处于不同自然条件下的民居及村落其形态则各异。

通过实地的走访调查和相关文献资料的总结,发现河南省传统村落的地域差异现象是客观存在的,传统村落分布在一定的地域空间单元,其发生、发展都是借助于一定的地域空间里而产生的,其村落布局、村落的选址、结构形式、营造技艺等都会体现出强烈的地域特征。河南省传统村落数量大,村落本身易受到自然、社会等诸多因素的影响,区域特征明显,本书分区域讲述,同时将不同地域的村落纳入到整体的研究框架之中,总结各个地域特征,横向比较地域之间的差异,地域分区是行之有效的办法。

以传统村落为研究对象,归纳这些地域差异而造成的传统村落之间的差异,如村落形态、村落选址、空间结构等方面的差异,与百姓的生活方式、基本需求以及村落社会组织等方面进行关联耦合,就能改变传统上只是对河南民居本体物质形态单一性的描述和总结。建立传统村落的地域分区,也跳出了以描述单个村落为对象的现状,更易从地域性和文化性去研究村落,符合村落作为聚落最小的一个社会单元的基本属性。合理的地域分区,通过区域内的纵向比较与区域间的横向比较,总结区域特征和区域间的差异,对研究中原地区的传统村落来说不失为一个良策。

2.2.2 中原乡村地域分区

中原乡村
地域分区

对中原乡村地域分区时,把自然、文化、经济等作为主导因素对河南传统村落形成的区划结果进行叠加处理,采用影响优先的原则处理各种因素交叉影响区域。以行政区划单元为边界,以传统村落为对象,以"地理方位+主导文化特征"的方式命名,将河南划分为豫西河洛文化区等六大区八个亚区(表2-2)。

(1)Ⅰ区——豫西河洛文化区,包括河南西部三门峡、洛阳地区,地形地貌主要以秦岭余脉的山区和黄土塬为主,有黄河、伊河、洛河等河流,主要受河洛文化的影响,与山西接壤,受晋文化的影响也非常明显。

(2) Ⅱ区——豫南天中文化区,包括信阳、驻马店地区,地貌以浅山区结合平原为主,桐柏山与大别山首尾相接,呈"S"形蜿蜒贯穿于这两个地区。区域受到以天中文化为主,兼有楚文化的影响,这里是历史上三次南迁的一个过渡区域,作为一个南北文化的过渡地带,是一处兼容南北文化的特色地带。区域中的村落往往处在官道沿线或者隐匿于山林中,形成了独特的豫南风格村落形态特征。

(3) Ⅲ区——豫西南楚文化区,指独立的地理单元——南阳盆地,此分区三面环山,只有南向沿着唐白河向湖北方向开放,西北以秦岭支脉伏牛山与平顶山、洛阳隔开,东北方向跨过桐柏山脉联系驻马店、信阳,中间为盆地,是典型的"形胜之区、四塞之城"。区域主要受楚文化的影响,主要体现在村落与自然地域条件结合紧密,商业类型的村落也非常有地域特点。

(4) Ⅳ区——豫北河内文化区,指的是黄河以北的区域,主要包括济源、新乡、安阳、濮阳、鹤壁等,黄河作为一个天然的屏障对地域进行分割。区域内又可以分为两个亚区:亚区一是沿着太行山脉蜿蜒北上的山区,包括有济源、焦作、新乡的部分地区以及安阳的林州地区、鹤壁的部分地区,乡村形态与地形地貌结合紧密,形态粗犷,地域材料使用丰富,太行八陉中有三陉在这个区域中,山中官道沿线也有为数不少的乡村分布;亚区二是广袤的平原地带,主要包括新乡部分地区、濮阳等,经过元、明、清的不断发展,开明乡绅在村落的建设中起到了中流砥柱的作用。

(5) Ⅴ区——豫中嵩岳文化区,主要是指郑州、平顶山、许昌、漯河等地。环嵩山地域带自古以来是村落的大量存在、生长、发展的区域,是文化大融合的区域,也是中原地域文化的核心区域。地貌以平原、浅山为主。共分两个亚区:其一,环嵩山区域,这里主要包括郑州、许昌、平顶山;其二,平原地区,主要指的是漯河地区等。区域中村落类型丰富多样,重礼制,规模大,形式格局完整。

(6) Ⅵ区——豫东南黄淮文化区,主要是指开封、商丘、周口等区域。历史上这个区域长期受到"黄河夺淮"影响,水害千年之久,造成了大量的淤泥堆积,对村落造成了严重的破坏。

表 2-2　河南传统村落综合地域分区

分区	所辖区域	亚区	主导因素	村落特征描述
I 区	豫西河洛文化区	I-1 三门峡	自然地形地貌等因素	地域因素影响明显
		I-2 洛阳		
II 区	豫南天中文化区	II-1 驻马店	南北文化的过渡地带	村落选址多在山林、官道沿线居多,重宗祠建设
		II-2 信阳		
III 区	豫西南楚文化区	南阳	楚文化的影响	村落与自然地域条件结合紧密,商业类型的村落有地域特点
IV 区	豫北河内文化区	IV-1 济源,焦作的博爱、泌阳、修武,新乡的辉县,安阳的林州	制文化影响距离京畿较近,礼智文化影响大,乡绅起到了中流砥柱的作用	村落与地形地貌结合紧密,村落形态粗犷,地域材料使用丰富,大宅院多
	济源、新乡、安阳、濮阳、鹤壁	IV-2 焦作的武陟、孟州,新乡(除辉县),安阳(除林州),濮阳、鹤壁		
V 区	豫中嵩岳文化区	V-1 郑州、许昌、平顶山	中原地域文化的核心区域,文化大融合的区域,环嵩山地域带分布	村落类型丰富多样,重礼制,形式格局完整
	郑州、许昌、平顶山、漯河	V-2 漯河		
VI 区	豫东南黄淮文化区	开封、商丘、周口	长期受到"黄河夺淮"影响,水害千年之久	区域没有留存形态完整的村落

资料来源:笔者整理。

2.3　中原乡村的分区

　　中原地区各个地域分区中乡村呈现出了一定的整体性的特征,在乡村选址、宅院形态、空间结构上都有类似的同构性,各个地域分区的背后都蕴藏着类似的乡村文化的传承。下面逐一对中原各个地域文化分区中的乡村进行分类整理,提取其中最关键的乡村空间特征。

2.3.1　豫南天中文化区

1.山水格局,南北过渡

豫南天中文化区包括信阳、驻马店地区,坐落于大别山和桐柏山两大山脉的北麓,山体脉络以"S"形蜿蜒穿过两个地区,地貌主要以山体为主,地势南高北低,整个区域以平原、浅山区、山区为主要构成。本区域有着丰富的山水资源,而山和水是乡村营建布局、发展有利的前提条件。依山而建,选址在山中的块状台地,利用山体的有利地形地貌建立防御体系,就地取材,利用山中石块等地域材料进行乡村宅院等方面的建设;水也是构成乡村环境的重要组成部分,村前的坑塘、河流不但是日常生活取水的重要渠道,乡村也形成了网络化的排涝体系的终端。

豫南地区自古以来就是南北过渡地带,是一个南北交融地,形成了以天中文化为主导的多方位、多层次的文化构成特征,其中亚文化包含有楚文化、吴文化、淮夷文化等,同时还有近现代的红色文化交织组成了豫南的文化基调。豫南区域又是古代经济重心从北到南转移的一个过渡地带,从东汉末年到两宋共有三次大规模的南迁,如"第一次大移民发生在西晋的永嘉丧乱之后,北方移民大都集中在淮水以南、太湖以北地区",豫南地区山体层峦叠嶂,资源禀赋丰富,在这里可以将自己隐匿于山林间,又距离家乡不远,因此豫南地区成为南迁的首要栖息地。

2.乡村院落街巷化

豫南乡村的地域特色空间的形成,与其所处的自然地域环境和社会环境有着紧密关系,整个乡村就是一个大家庭,彼此都熟悉,聊天等社会性的交往随时能够发生,气氛非常融洽,如农忙季节早饭阶段,是村落中活动最频繁的时候,家家户户都会敞开大门,做饭、吃饭、收拾家务、整理农具,坐在大门口边吃饭边聊天,过了这个时间段之后,百姓都会在农田里忙着耕作。

豫南乡村宅院和街巷之间相互杂糅在一起,没有明显的界线之分,乡村内部宅院与宅院之间相互串联贯通,有的甚至需要穿过宅院中的某栋房屋而至另外一户,院落成了街巷空间的一部分,院落街巷化是建立在百姓之间相互熟识、血缘联系的基础之上的，家就是村，村也是家，院落既是家庭宅院的院落空间，又是街巷外部公共空间的延伸(图2-1)。

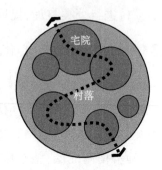

图2-1　院落街巷化

街巷空间和院落空间两者原本是开放和私密的对立关系，在豫南乡村中变得模糊起来，街巷串联着院落，有的时候已经完全分不清院落和街巷的清晰边界在哪里，不经意间就能走到另一户的宅院中，通过内部街巷可以轻易地进入到所谓的院落中。

街巷的特征:第一，街巷作为交通联系的主体空间，从乡村的入口空间到出口空间，串联着许多的院落空间;第二，街巷与院落交织关系多样，有的院落紧贴着街巷，有的街巷需要穿某个院落空间而过，街巷的穿过不会影响到院落的功能使用;第三，院落具备边界特征，但分隔作用已经不明显，院落都可以穿过，有的时候沿着街巷空间走到一座宅院大门的时候，穿过大门可以看得出街巷在进一步的延伸;第四，村落内部是完全开放体系，可以轻易地步行到村落中的任何一个院落。当然，一旦其中的户门、房屋们封闭，村落的整个空间系统就会被分割成零散状，从进入村落的第一道大门开始，街巷中所遇到的门既是某座宅院的大门，同时又是街巷的分割大门，一旦这些大门封闭就会阻断整个村落的交通体系。

但是这种乡村空间的形成并非偶然，是弱小乡村应对外来力量侵犯的一种有效手段，豫南这种空间特征的形成需要具备两个条件:一是以血缘为纽带的家族式村落;二是要借助乡村本体作为主要的防御屏障。豫南乡村多是一个家族为主导来居住，例如何家冲村为何姓家族，丁李湾村为李姓家族，所以一个村落的百姓相互之间都有着非常近的血缘关系，各个宅院之间的关系恰似一座四合院中的厢房、倒座、厅堂之间的关系，院落、街巷等都相当于四合院中的院落空间，各宅院的布局位置也会根据辈分高低来划分，一个家族就是一个村落。从防御角度来说，也非常好建立防御体系，暂且不说酷似迷宫一样的村落街巷关系，随时能够封闭的街巷就能够轻易地将入侵之敌分割在不同的空间消灭。

以商城县长竹园乡何家冲村为例,整个村落从村前广场,登上三四步台阶,就进入村落的大门,村落的大门与普通大宅院的大门没有什么明显的区别,进入大门之后,就是一条悠长、透视感极强的巷道,右侧是一排条形的房屋,一字排开,房屋的大门直接开向街巷,没有任何的缓冲空间,左侧则是一幢硬山屋顶房屋的山墙面(图 2-2)。街巷的尽头是一处宅院的入口,穿过这所宅院又进入村落的另外一条垂直的巷子,院落套叠,村落中街巷的形态和院落的形态特征都非常清楚,但是两者属于一种相互穿插的空间关系,街巷的功能不但没有减弱反而增强,院落空间的使用从封闭变得开放。其他的村落,如丁李湾村、毛铺村、四楼湾村等村落都有这种情况的出现,毛铺村虽然属于带型的村落,但是整个村落中,在各自正房的廊子之间都是相互贯通的,不用通过外部的街巷能够自由穿梭在各个宅院之间,减少了空间的层次性,这也是村落集中力量进行防御的一种体现(图 2-3)。

图 2-2　何家冲村街巷空间

图 2-3　毛铺村航拍图

3.乡村空间家园化

豫南乡村宅院空间内部空间也相互融会贯通,整个乡村内部不设防,乡村的内部空间完全开放,开放的程度也根据阻断空间分界线的不同而不同,主要以窄巷、过廊联系。第一,以窄巷联系,以开敞的拱形门为边界,如四楼湾村,在康熙年间,这里就形成了以周姓为主的家族式村落。进入村落大门,马上有一条东西走向的窄巷,这条巷几乎与村落最外的街巷相平行,窄巷对村落单元联系发挥着重要作用。窄巷不像何家冲村那样直接串联院落空间,巷子之间的联系还是交通的主体,垂直于这条窄巷,并排布局了五处宅院,其中最大的一处宅院为五进院落,这五处宅院是周姓家族的主体,宅院院落之间有圆形的拱门进行贯通,整个村落内部宅院之间的贯通性还是非常强的。第二,厅堂走廊空间的横向联系,如毛铺村,村落整体为"一"字带形村落,宅院之间的联系依靠厅堂前横向的走廊空间,在走廊尽头设置角门,角门尺度很小,尺度仅容一人穿过,联系的空间尺度局促,而且设置有门,全村的宅院都可以贯通(图 2-4)。

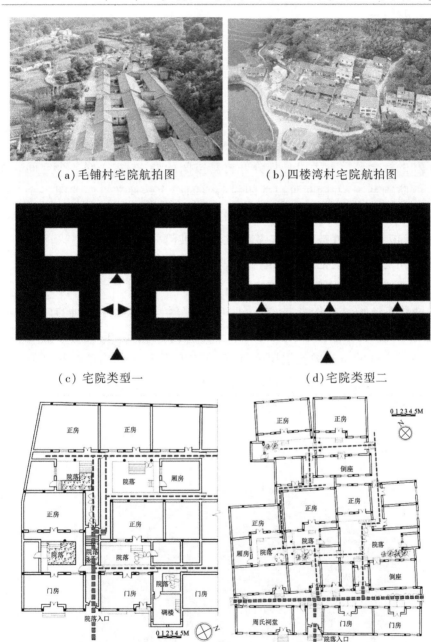

（a）毛铺村宅院航拍图　　　　（b）四楼湾村宅院航拍图

（c）宅院类型一　　　　　　　（d）宅院类型二

（e）毛铺村彭氏老宅　　　　　（f）四楼湾村周氏宅院

图 2-4　豫南村落宅院内部的联系

（资料来源：笔者整理）

院落、街巷空间内部变得开放,一旦进入到村落内部就意味着村落再无防备措施,这与中原地区其他地域的村落产生了很大的区别。但是,在新中国成立之前、常年战乱的大背景下,村落的防御系统肯定是首要,如何把村落置于安全的境地,保卫村落财产和人身安全,是至关重要的一环,豫南乡村本身如一座大的四合院,对于内向的院落空间都是开放的,但是一旦各个房屋的门关闭也就意味着空间相互隔离。豫南村落应对不利的社会环境的手段是划分好村落空间的层次,建立好各个空间分层次的防御系统,并随时可以关闭村落空间层次转换节点。关闭各个空间节点的阀门,就关闭了系统的流动性,在许多院落都设置有大门,关闭了大门,街巷空间就被阻断了;院落之间的拱门分割,关闭了这两个院落各自房间的房门,就把空间局限在了一定的范围之内;角门作为分割,关闭角门就轻易地将空间封闭起来了。

豫南还有一种类型的乡村,名字叫圩子村落,虽然乡村空间的外在表现形式不同,但是也有着与上述村庄类似的空间结构,它利用环状的水面对乡村内部的空间进行层层分割,而每一层的环水的内部都是乡村不同阶层的空间划分,越靠近内部,越是乡村重要的宅院的分布所在,形成了相对特殊的一种乡村空间类型(图2-5)。

图2-5 潢川南寨村航拍图

(资料来源:笔者自摄)

2.3.2　豫西河洛文化区

1.黄土塬上,河洛文化

豫西河洛文化区主要是指以洛阳为中心向西辐射三门峡的地区,是中原地区地形地貌特征最丰富的一个区域。主要有以下三种地形地貌:第一,川,即平川,沿河河谷的平缓地带;第二,比川高的黄土塬,其中四周陡峭,顶部平坦,中间以梯田上升,高度普遍不高,土质肥沃,直立性非常好,是黄土高原一种典型的地貌特征的演变;第三,最高部分的山,主要为秦岭的余脉崤山、外方山、熊耳山等三条山脉,渗透到了这个区域。乡村结合地域特征的主要以第二种黄土塬最为典型,借助塬这种特殊的地形,衍生了地坑院村落、窑房院村落等。窑洞作为一种居住类型深入到了百姓的生活之中,塑造了较为特殊的乡村百姓生活方式。

同时,该区域一直以来都处在权力交织的中心,深受礼制因素的制约,以及河洛文化的影响。古代,洛阳被称为"东都",辐射了广大的区域,豫西恰好处在汉唐长安、东都洛阳到宋汴梁这条脉络的中间位置,是非常重要的战略交通要冲。传统的中原地区,主要是以关中、晋南和豫西为中心。豫西区域,以河洛文化为主导的主流文化对乡村的影响主要有以下几个方面:第一,科举耕读文化,"朝为田舍郎,暮为天子堂",在村中处处洋溢着耕读文化,"耕可致富,读可荣身",通过科举入仕,改变人生的梦想,在豫西的村落中体现得很明显。久而久之就能够体现在村落空间载体如魁星楼的建设、宅院的装饰,在一些墀头的砖雕、石雕都可以看到渔樵耕读、金榜题名的题材出现,在村落中某些重要院落的匾额上,经常能够看到这些体现耕读文化的文字,如杨公寨村的"耕读传家""业精勤"等文字,卫坡村的"兰桂竞芳""疏附先敢""袭庆承休""懿德兰珍""望重兰台""卤園翰墨林"等题字。第二,尊卑差异,在礼制文化的约束下,乡村中也渗透着这种差异性,尤其在宅院中,从封闭性的宅院,各进院落之间、正房与厢房之间的差别等都能看到很强的约束规则。第三,从城市到乡村,礼制的影响体现得越来越弱,乡村更加灵活,更多的因地制宜,往往可以从乡村选址的主要因素去考虑乡村整体的朝向、格局、结构等方方面面。

2."塬"限定下的村落类型与村落空间

豫西地域分区中,有一种非常特殊的"黄土塬"的地貌类型,并且以此为脉络衍生出了一系列的村落类型和宅院类型,如地坑院、窑房院等,并以此为单元组成了豫西非常有特色的村落(图2-6)。

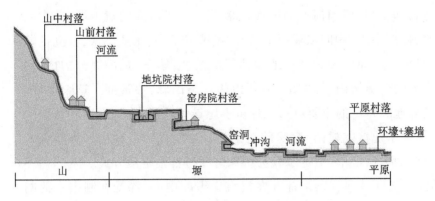

图2-6　豫西不同类型乡村与地形地貌关系

(资料来源:笔者整理)

首先,体现在了村落选址上。黄土塬的黄土直立性好,河水或者雨水的冲刷形成了大小不一、顶部平坦的地形地貌,村落选址在小块塬上,防守力量薄弱的豫西村落可以利用塬旁沟壑巨大的落差轻易地建立起来防御工事。地坑院村落干脆向地平面以下开挖,将村落整体性地隐匿在地表以下。

其次,体现在村落的空间结构上。豫西村落的空间结构多为一字带状或者一字鱼骨形,大多是基于"塬"这种地形地貌上,村落多处在沟壑之中,沿着沟壑延绵展开,利用沟壑两侧直立的土壁开挖,增加有效的建筑空间。塬上村落面积有限,村落的整体规模一般都不大,只能利用最有效、最节约用地的一字鱼骨形的空间关系来组织村落的整体外部空间(图2-7)。

图 2-7 甘泉村村落空间

(**资料来源**:笔者自摄)

最后,体现在宅院类型上。地坑院、窑房院是极具特色的豫西宅院类型,这两种类型宅院的产生正是基于"塬"这种豫西极为特殊的地形地貌特征之上的。

3.逐渐弱化的礼制控制

长安、洛阳到汴梁一线,是中国古代皇权统治最集中的一条脉络,豫西以洛阳为中心,从唐宋开始到元明清乃至民国期间,这片区域一直处在封建礼制控制的漩涡中,从乡村的整体形态到院落空间可以明显地看到传统礼制的烙印。特别是沿黄河村落、近城村落以及其中有显赫家族的村落,其形态有着明显的不同,具体表现为乡村注重整体格局,体现在乡村内外边界清晰、街巷空间格局完整,院落空间的组织也非常有秩序;也表现在多进院落、注重院落界面的装饰,入口处理考究,表述反映在耕读世家的文字,如牌匾文字、楹联、对联、门楣题字、家族祠堂上的文字等。

虽然礼制可以对乡村有种种束缚,但从整体上来看,尤其一些区域如伊河、洛河沿线,在融入地域特征后,乡村的建设和宅院的营建则更加务实和贴近地域环境,尤其是宅院的建设,多以空间层次较少的三合院为主,有的甚至出现开放的院落。形成这样的原因,不但有村落中的百姓受到传统礼制的束缚要小得多,同时也有村落的财力、物力和人力等的限制。总体来看,礼制对村落的影响处在一种逐渐弱化的过程,具体表现在以下方面:

第一,乡村宅院会根据正房大小和实际的空间需要来设置。如石碑凹村中的"九门一跨",并排九组院落,院落的主人都是嫡亲关系,血缘关系非常近,但是院落之间并没有空间上的联系,大门都通向外部的街巷空间,九组院落型制类似,两进院落,第一进院落开阔方正,最后一进院落狭长,东西厢房都非常长,形成的院落空间也非常的狭长,东西厢房面积增加了许多,也比其他地域分区中担负着更多的实际功能,以窑洞空间结束。通过分析宅院具体功能分布可以明白院落尺度大小设置的差异:第一进院落为正房位置所在,主要是主人会客、日常活动的区域,院落开阔,布置精巧;第二进多为储存空间和家眷居住空间,院落更加紧凑务实,节约土地。一大一小的空间反差充分说明百姓更加务实,受到传统礼制上的束缚较少(图2-8)。

第二,宅院中心前移。与其他地域分区中正房在最后一进院落不同,豫西地域分区中有大量的窑房院,最后一进院落往往以靠崖窑作为结束点,宅院的中心一般前移,将正房等重要的房子一般设置在前一进的院落中(图2-9)。

(a)窑洞前的空间

(b)第一进院落

(c)第二进院落

图2-8　石碑凹村中的院落空间

(资料来源:笔者自摄)

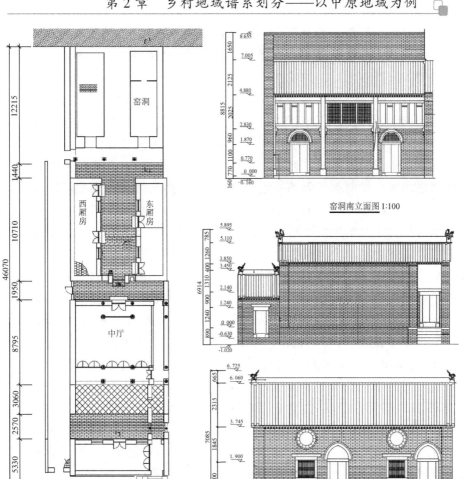

窑洞南立面图 1:100

东厢房西立面图 1:100
修补木板门、油漆　　修补木板门、油漆

113号院总平面图 1:100

图 2-9　宅院中心前置

（资料来源：《卫坡村保护规划》）

　　院落最后的结束位置是靠崖窑洞，兼作储存空间，这个时候村落的最后一进院落的功能就会削弱很多，最后一进院落虽然在空间上来说私密了很多，却由于是窑洞空间使得最后一进院落的地位削弱了不少，一些大的家族也会刻意地将最后一进窑洞的界面进行精细化的三段式的装饰，形成严整的界面。豫西村落中以单进或者两进院落居多，往往第一进院落的正房在当地被称作"中厅"，是位于中心的厅，也是宅院中最重要的一个厅，主人的日常活动和接待重要的客人都在这里进行，中厅

23

前的院落空间就显得非常重要,经常采用的办法是抬升中厅前的地面,一个院落形成了两部分高差不一样的空间形式,而在中厅一般与入口对应的一侧设置廊道与后面的院落相串联。

豫西宅院中心前移是地域环境和社会礼制观念约束相互妥协的一种结果,百姓能够充分意识到利用黄土直立性开凿窑洞的种种益处,比起修建普通的房屋,窑洞花的代价要小得多,所以无论普通民宅还是深宅大院都乐于采用这种经济且符合地域特征的宅院形式,两进院的时候只能将住房的位置向前提到第一进院落,单进院落的时候东西厢房的长度加长,有效地增加了东西厢房的面积,在实际的考察中我们也发现把东西厢房作为主要的生活起居空间的例子比比皆是,这个典型特征是豫西村落灵活运用地域环境与社会空间的一个好的案例。

第三,宅院组成部分地位的转变。院落的各个功能房间的功能发生了不小的变化,主要体现在正房的地位削弱,东西厢房的功能增强。从视觉效果来看,院落空间特别狭长,正房只能够部分展示出来,正房有的时候没有在中轴线上,而是偏于一侧,从豫西地区中种种的实例我们不难发现,村落中宅院正房的作用有了一定程度上的削弱,宅院往往会利用最后的窑洞空间作为宅院的结束点,院落的平面也多为狭长的长方形,长宽比一般都在 2∶1 之上,表现出来的外在形式为院落空间都特别的狭长,形成了透视感非常强的院落,东西厢房的长度很长,往往由多个房间并列而成,形成了长条形,院落空间更像一条窄窄的巷子,此时的院落的空间担负的功能也与街巷非常相似,主要担负着交通和简单活动的功能,院落的空间已经很难再堆放农作物。

2.3.3 豫西南楚文化区

1.封闭地域,自成体系

豫西南地区主要是指河南西南部的南阳盆地地区,三面环山,四周高、中间低的盆地,盆地的东南侧、北侧、东侧三面在伏牛山、桐柏山环绕下形成了最高的山区和浅山区,然后逐步向中心的岗、陇等地形地貌过渡,最终在相对中心的位置形成了广袤的平原地区。

虽然从地形地貌上来看,豫西南地区三面山体围合,中间为盆地,是一个典型的闭塞之地,但是从文化区域的角度来说,反而是开放融合的。南阳盆地的战略位置重要,是典型的"必争之地""缩毂之地""形胜之地"。从宏观区域来看,南阳盆地位于关中、汉中、湖北与中原的中心位置,"南阳,古兵冲,天下有事,受祸最烈"①,是一个军事上的必争之地。

2. 重商轻农

豫西南地区重商轻农,因势就利,自古以来,就有许多的商业重镇,如荆紫关、社旗、镇平等。豫西南处在一个盆地中,四周环山,自成体系,陆上、水运交通都非常发达,形成了一系列的官道,促成了文化交融,加之原来这里就是楚文化的区域,受到礼制等约束很弱,商业等交流性的活动发生得非常频繁,在《南阳县志》②《邓州志》《淅川直隶厅乡土志》等中都有记载,这是个"颇好商贾"的区域,这种风气令当地政府非常头疼,"太守劝民农桑,去末归本","人固善贾,县又通水陆,乾嘉时城厢及社旗镇号为繁富,游间奢靡犹有宛"。这种浓厚的经商氛围辐射到了靠近主城和集镇周边区域的乡村,这些乡村从整体形式上到宅院形态上都呈现出了与以农业为基础的乡村较大的差别。

从另外一个角度来看,豫西南受到楚文化圈层的影响,与中原主流文化有所差异。楚文化区秉承了老子的无为哲学,明确否认天是最高主宰,认为世界的本原是道,又讲"天下万物生于有,有生于无",更加注重事物顺其自然,注重天、地、人三者合一,在村落的营造过程中讲究实用,自由灵活,因地制宜,这也就不难理解内乡县吴垭村为何整体采用一种当地碎石材料建设宅院,难以看出它们之间的地位差别(图 2-10)。

图 2-10　碎石和黄泥组成的吴垭村宅院界面
(资料来源:笔者自摄)

有了这些客观存在的因素影响,乡村百姓会充分利用有利的地域条件,因势就利,打破传统的农业经济模式,形成多元化的乡村类型,也给我们呈现出了不一样的乡村空间形态。

---

① (清)潘守廉修,(清)张嘉谋等纂:光绪《南阳县志》卷一《地理志》,清光绪三十年(1904 年)刊本。

② (清)潘守廉修,(清)张嘉谋等纂:光绪《南阳县志》卷一《地理志》,清光绪三十年(1904 年)刊本。

在重商业的思维影响下,豫西南乡村空间形态主要体现在以下三个方面:第一,带状乡村为主导,多沿着河流和官道等线性要素发展,以巨大的商业活动为依托,村落的规模一般都比较大;第二,商业店面类型丰富,前店后院,下店上居等形式都会出现,紧紧围绕着商业来展开,同时商业空间非常紧凑,通过店面进入宅院,这点与其他地域中有着显著的不同;第三,空间结构也以一字带状为主,几乎所有的商业活动和邻里交往都在主巷中展开,在主巷中形成了非常丰富的空间层次和空间节点,与之垂直的次要支巷则完全是另外一番景象,步入支巷没有多远就显得非常冷清,与主巷熙熙攘攘的局面形成了巨大的反差。

3.根植地域

根植地域、因地制宜是豫西南村落空间所体现出来的另外一个特征。在村落中表现为传统礼制在豫西南村落中几乎没有约束力,村落的营建缺少礼数的约束,实用为主,结构简陋,略显粗糙。处在楚文化圈层的南阳盆地的百姓沿袭了这个地域中的重经验、重思辨的科学观,重实践、重创造的技术观,重实际、重想象的方法观。

就地取材是豫西南百姓进行村落营建的唯一途径,村落就像从地里生长出来的一样,没有豫北宽大厚重的石块,也没有豫西精雕细琢的装饰,小到石头颗粒都会想尽办法地使用到墙体的砌筑之上,从房屋、院墙甚至地面铺装都在采用着同样的材料,围合空间的墙体给人一种粗犷、粗糙的印象(图2-11)。

(a) 土地岭村　　　　　(b) 转角石村　　　　　(c) 吴垭村

图2-11　地域材料在村落中的运用

(资料来源:笔者自摄)

扎根于地域的村落空间有着非常显著的特征:第一,村落空间的围合界面非常统一且连续,这些界面的形成多是就地取材,有时候很难分清楚村落建筑与环境之间的差别;第二,从村落整体空间来看,村落会根据地形分成几个显而易见的部分,豫西南浅山区的村落经常处在几块大的平台上,对地面稍加平整即可以建设。

在宅院营建的过程中也有很明显的体现。主要体现在以下几个方面：第一，宅院空间界面布置简易，无装饰，常见的是一字形或者十字形，地面采用与房屋墙体同样的材料进行铺装，地面铺装的目的是将东西厢房、入口和住房之间进行联系；第二，房屋结构非常简单，往往是房屋中心有一排柱，类似穿斗结构；第三，围合院落空间的界面，院落中的绿化措施也很简单，靠近主房一角种植核桃、榆树等，有的甚至是一个空无一物的偌大空间，目的是方便粮食等晾晒，正房、东西厢房墙体、入口墙体材料都是就地取材，缺少装饰，偶见墀头的位置外粉白灰，简单的黑白绘画点缀；第四，院落的平面组成也非常多样化，我们透过南阳盆地传统村落中的宅院空间院落，可以看出这里的百姓更加务实，总在努力寻找最适合自己的宅院形式，会把有限的精力和财力用到最实用、最需要的方面。

2.3.4　豫北河内文化区

豫北河内文化地区指的是河南黄河以北的广大地区，主要包括焦作、济源、安阳、新乡等地区，这个区域的地形地貌主要有山体和平原两种类型。横亘豫北南北的是太行山脉，山地两侧有着非常显著的差别：西北坡海拔虽然高但是相对平缓，与山西高原相接；东南坡险峻，陡落于黄河冲积平原，平原一览无余，土地异常肥沃，几乎没有丘陵、浅山的过渡，偶尔也有一些小型的山间盆地的存在。

黄河是天然的分割线，将中原地区分割成了南北两大块区域，通过中国古地图可以看出黄河由来已久的地域分割作用：北宋完全是据黄河为屏障，并从黄河引水至东京汴梁；元、明朝行政区划中，郑州以西的区域都以黄河为界，进入了开封汴梁界内，则将黄河纳入到了汴梁路（明为开封府）；到了清朝又回归到了北宋时的行政区划方式，以黄河为界，黄河以北为怀庆府、卫辉府和彰德府。

乡绅在豫北的村落建设过程中，起到了非常显著的作用，尤其是在动荡不安的社会环境下，以乡绅为主导的村落建设，在整个区域防御体系的建立过程中发挥了巨大的作用。如咸丰、同治年间，豫北地区就开展了声势浩大的修建圩寨的活动，圩寨营建的过程其实就是乡绅权力扩张的过程，地方权力尤其是村寨的权力落入乡绅之手。在这个过程中乡绅发挥了承上启下的重要作用，不但享受清政府的扶持政策，同时又是组织老百姓的切实推动者，在对抗捻军叛乱的过程中，地方乡绅的力量空前壮大，不但圩寨这种村落形态保留至今，乡绅等营建的宅院也颇具

规模且造型精美。

1.乡绅主导下平原村落建设

清末民初,乡绅在豫北平原地区乡村的建设中发挥着重大的作用,在现存的寨堡式乡村以及地方志的记载中,我们可以清晰地判断乡绅的力量确实广泛存在于乡村的营建之中。在豫北各个县的民国版的县志中,有大量描述寨堡式乡村的文字,通过比较明、清早期的地方志,发现这是非常不可思议的,因为关于乡村的记录非常少,且很少能够在官方的文字中出现,一方面由于寨堡式村落在历史上确实发挥着不可磨灭的作用,一定程度上已经影响到了当时的历史格局;另一方面,地方志重视英雄式的人物,在这个过程中诞生了很多有影响力的开明乡绅,县志中多记录这部分人的功绩。

从地方志中也能看出寨堡类村落在清末民初发挥的作用,以新乡县为例,如果对比《新乡县志》清乾隆十二年刊本和《新乡县续志》民国十二年(1923年)刊本,就会发现一个重要的不同,从前者对村落只字未提到后一版本对寨堡类型的村落大片笔墨的记录描述,足以证明寨堡类型的村落在清末民初对当时社会产生的重大影响,也印证了有关学者的判断和分析。在《新乡县续志》卷一《城池志寨堡附》中有这样的记载:

"小冀寨,咸丰十一年创修,杜继瑗等董其役,共计占民田二百三十八亩,有奇呈恳,按户豁免钱漕,知县张嗣麒批准立案卷存粮房,原批据票该处因咸丰十一年间,东匪窜扰,筑寨保卫,当时挖坏民田许多,公恳将应完粮米,暂行豁免等情查钱漕为国家维正之供丝毫,为重断难请豁免,唯念该处于东匪未到之前,首先团练筑寨协力守护,继复率勇随同官兵与贼打仗获胜,得以保全民命实堪佳,尚似兴他处,贼退后始行筑寨者,不同自应酌量体恤,以顺舆情,所有寨压地亩,应完钱漕,姑准暂免完纳,由县赔垫批解以示奖励,一矣昇平后,民复本业,寨基平毁乃即按亩……夏四月西邻土匪啸众自小冀东,东窜遇兵败,还老巢时,余叔曾祖少迟公,奉旨帮办团练,禀明邑侯,明府与首事人等举行保甲约定条规分为三团,置备枪碳旗帜,逐日操演以遏妖氛,故自夏徂秋西匪不敢犯界,众得安堵无恐。"[①]

---

① (民国)韩邦孚等修,田芸生等纂:民国《新乡县续志》卷一《城池志寨堡》,民国十二年(1923年)刊本.

通过这段县志中的详细描述,圩寨村落在抗匪保一方平安的过程中,发挥了巨大的作用,这里以小冀寨乡绅杜继瑗等,不惜占用百姓赖以生存的耕地的先见之明,证明了乡绅的号召力和凝聚力,圩寨在后续抗匪过程中确实做到了保一方平安,圩寨的村落形式也最终得到了官方的认可和推广。在接着的县志中,详细列举了咸丰、同治年间,新乡县的寨堡村落的方圆尺寸、寨墙高度等方面的详细内容。类似圩寨、寨堡类的村落在其他的县志中都有不少的篇幅类似详细的描述和记载。这足以证明,在一定的社会背景下,所产生的特殊的村落类型,因为乡绅的视野和见地,各地会存在差异,豫北的乡绅在整个圩寨的建设过程中起到了决定性的作用。在民国版《新乡县续志》的开篇就详细地记录了寨堡式村落的名称、规模、创建时间、主要的创修人等,寥寥几句文字就非常客观地记录了寨堡式村落的方方面面(表 2-3)。

表 2-3　清末新乡县部分寨堡村落一栏表

序号	寨名	创建时间	寨堡状况	环壕	创修人
1	小冀寨	咸丰十一年	占地二百三十八亩	无	杜继瑗
2	朗公庙寨	同治元年	周围八百余丈,寨墙高一丈八尺,东、西、南、北、东南五门	壕深八尺,宽一丈二尺	张西崑
3	里仁寨	同治元年	周围三百二十丈,高二丈六尺,基址兴唇及海宽六丈	无	任芳蘭
4	大召营寨	同治七年	周围三十七段,高丈八,宽二丈,寨唇丈五尺	壕三丈	崔得安、姜永奎、姜同春等
5	中召寨	同治八年	垣高二丈二,基址宽一丈八尺,唇宽一丈六,周围三里	壕宽一丈八尺	郜国屏、崔振兰
6	丁庄寨	同治七年	占地八十二亩,周围五百二十六丈	无	马志勤、杨懋甫等

资料来源:民国《新乡县续志》卷一《城池志寨堡》。

而到了民国版的《武陟县续志》,对寨堡式村落的记录中更加强化了创修人以及所花费的钱财数量,其中不乏地方官员、举人等参与村落的修建工作。

《武陟县续志》中对昇平寨的一段文字的描述,更加清楚地描绘出了乡绅力量在村落中发挥的积极作用:

"王少白先生昇平寨记曰:昇平寨者,詹事府主簿,献南谢君,防卫其村所筑也,盖自□□肆扰以来,起于皖流于豫蔓于山,左时鼠突于大河以北,国家轸念民依各省增置团练大臣,俾督率氓筑寨自卫,于是河北一路,星罗棋布,处处兴修,谢君为武陟北旺村巨室,德望素孚于众,乃纠集合村共议修筑,村中人齐心合力,各无异辞,按户科费,惟平惟均,有不继者,则谢君独任之,于是崇墉骤起刻期竣事,一切宋御之资,无不备具因名之曰,昇平寨盖其望治之心般也,难化即尔我之见多歧,虽有利害端如毛发辄,哓哓争辩不能已。一旦寇警迫临,虽素不相协之侣,亦睦如一家,此同舟遇风之义,即人心可合之机也,今朝廷命将出师,削平祸乱,元恶大慝,以次授首行见海宇恬然,承平有望矣。谢君既有素孚于乡里,倘求此人心齐之一机,岁时伏腊,兴村中父老子弟言孝言慈,敦礼让厚风俗,以仰承夫朝廷之化,将此户可封之美皆可,于是役卜之,又岂特有备无患防卫一时也哉,余因谢君防患之举,又望之以原俗之麻也,遂因其请而为之记。"①

这段文字记载了昇平寨营建得益于乡绅谢宝琛,其为"武涉北旺村中巨室,德望素孚于众",在战乱之前,能将百姓团结在一起,领导百姓出资出力,"有不继者,则谢君独任之",修建圩寨以期御敌,重塑了村中的良风优俗,"兴村中父老子弟言孝言慈,敦礼让厚风俗",在乡绅力量不断强化的过程中,也是地方权力旁落乡绅之手的过程(表2-4)。

表2-4　清末武陟县部分寨堡村落一栏表

序号	寨名	创建时间	寨堡状况	创修人
1	木乐店寨	咸丰十一年	周围九里十三步,六门	刘凤山
2	前牛文庄公信寨	咸丰十一年	周围二里许,费钱一万五千串	举人古岚峰
3	后牛文庄文明寨	咸丰十一年	周围九百余丈,费钱四万余串	郭世爵
4	义和寨	咸丰十一年	周围三里有余	秦澜
5	同春寨	咸丰十一年	周围八里,共五门,系刘村、黄村等六村合建	佚名
6	北王村昇平寨	同治元年	周围五百二十丈	候选同知谢宝琛
7	小董福瑞寨	同治元年	周围七百二十五丈二尺五寸	直隶州分州卫谢青云

资料来源:民国《武陟县续志》卷八《建置志》。

① (民国)史延寿等修纂:民国《武陟县续志》卷八《建置志》,民国二十年(1931年)刻本.

圩寨营建的高峰时期,甚至清政府统一颁布命令进行圩寨的修建和推广,1860 年 6 月,祖籍河南的顺天府丞毛昶熙奉命回籍督办团练,"刚到河南,毛昶熙便上疏奏陈豫省全局布置情形,筹划经费,酌定条规十二则,首条便是添筑堡寨以扼要隘"。正是在这种太平军、捻军暴乱四起的社会环境下,许多村落为了自保,应对这种社会环境的变化,产生了依村建寨、联村建寨等八九种类型的圩寨形式,河南也诞生了一种新的村落类型,这种寨堡类型的村落形态一直延续到今天,可以说是村落为了应对社会状况而发生村落结构变化的一种典型案例,现在这种类型的村落还很常见,如临沣寨、人和寨等等都属于这种类型的村落。通过建立壕沟、结合寨墙的模式进行防御,建立起来人工的屏障,这个地区主要产生的一种寨堡型的乡村聚落类型,这些寨堡村落主要是为抵御匪患、义军等,"因地制宜,就民之便,或十余村联为一堡,或数十村联为一堡",一堡的规模往往在三四万人口之众,实现"贼近则更番守御,贼远则出入耕作"①,较高的地势也很容易抵御平原地区水患。

豫北片区靠近明清北京城,此片区的乡绅更加开明有见地,他们有着雄厚的财力和强大的社会关系,豫北地区虽有黄河天堑,但较河南其他区域,乡绅们更早地展开了村落自卫式的营建。从清咸丰、同治年间开始,豫北乡绅率先修建了大量的寨堡式村落,在豫北平原地区建立了非常稳固的防御体系。豫北乡绅作为承上启下的关键一环,不但能够很好地与地方政府衔接,同时还能将村中百姓拧成一股绳,团结在一起,豫北开明的乡绅成了平原村落建设的主导力量。

2.山区村落空间立体化

在豫北太行山区的乡村中形成了与地域结合紧密的立体化的村落空间,巧妙地解决了豫北山体落差大与村落紧张的矛盾,主要体现在院落、屋顶与街巷之间的无缝连接,相互杂糅在一起,将村落空间立体化,有效地拓展了村落的使用空间。百姓主要采用的办法是,利用地形高差将屋顶与街巷高差平齐,将屋顶拓展成为活动场地和粮食晾晒的空间,街巷和屋顶空间、院落空间往往是交织在一起的,不经意之间,就从街巷上走在了一家宅院的屋顶上。村落立体化空间的形成是基于地形建立

---

① 德楞泰:《筹令民筑堡御贼疏》,贺长龄编:《皇朝经世文编》卷89,《兵政二十·剿匪》,光绪十四年上海广百宋斋排印本.

起来的,从空间使用的角度来看,村落的宅院之间都是一个无法分割的整体,相互交错,一处宅院的屋顶是另一处宅院的院落,通过宅院的屋顶就可以走遍村落的每一个角落,宅院与宅院之间是相互串联开放的,这也是村落的一种空间利用的极致体现。从宅院营建的角度来看,宅院层层叠叠,利用了山前落差大的小块台地进行建设,宅院并不拘泥于严格的朝向,以尊重地形地貌为主。从防御的角度来看,村落往往依山傍水,已经有了山体作为天然的屏障,村落内部多是一种开放的状态,较少设置寨墙、寨门等人工防御设施。村落的开放性是建立在百姓内部熟悉的基础之上的,百姓非常熟悉各家宅院所处的位置以及屋顶通向何处,而对外来者来说,一旦进入村落中,完全处在一种无法辨识方向的迷宫状态,从这个角度来说,这也是村落的防御措施之一。焦作、林州一带的传统村落中空间立体化就很常见。

修武西村乡的双庙村就是一个典型的例子。村落选址在山前的一个环抱型的山坳中,村落沿着山体层层而建,村子前后高差约 70 米,共分布在五六处的台地上。在清末,村中杨氏兄弟分别高中武举人和文举人,村落以武举人杨再汾宅院为中心,在其宅院前形成了相对开阔的习武场地。文举人院落位于武举人宅院后,在武举人院落轴线的东侧;与武举人宅院坐南朝北、前后两进院不同,文举院只有一进而且主朝向向西,其他宅院用地更加紧凑,院落和屋顶之间相互叠加串联杂糅在一起(图 2-12)。

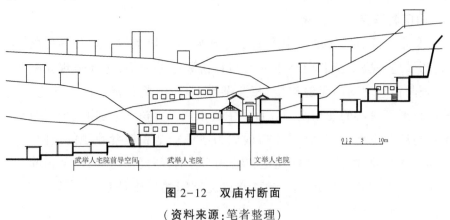

图 2-12 双庙村断面

(资料来源:笔者整理)

平顶爻村与双庙村有着类似的选址,村落前后高差有 20 多米,村落处在三个台地上,屋顶平面更加完整紧凑,可以自由地穿梭在屋顶上,户户屋顶相连,也是晾晒粮食的好场地。图 2-13 为一户村民正在利用现代的材料修缮屋顶,钢丝网上铺设水泥,取代了传统意义上采用木梁上搭檩条铺石板顶部糊泥的做法。

图 2-13　平顶爻村立体化的村落空间

(资料来源:笔者自摄)

2.3.5　豫中嵩岳文化区

1.环嵩山带,中原地域文化

豫中地区指的是河南中心地带的郑州、平顶山、许昌、漯河地区,是中原地区国家级传统村落数量最大、最为集中的区域。豫中地区地形地势呈现西高东低,中东部有着非常开阔的平原,西部为熊耳山的余脉嵩山,位于登封境内,环嵩山一带是"中华文明起源的核心区域",有"天下之中"之说,自古以来嵩山周边就非常适合乡村的生存,大量的乡村都集中在这个区域,这里有着适宜村落生存的地理环境以及适宜的文化圈层。

从地理环境的角度来看,嵩山是豫中地区唯一的山体,环嵩山带的广大区域有着优良的地域优势,很早就有人类文明的足迹,山体不高,纬度适中,山前有较多的丘陵和冲积平原,土壤利于植被生长,水源充沛。从史前聚落开始,这里就形成了丰富的文化圈,以嵩山为背景所形成的多种文化景观,其所具有的儒家文化、宗教文化、科技文化、教育文化的载体,虽然在不同历史时期各自体现出不同的兴旺与发展,但其始终作为一个文化景观的整体而存在着,文化的吸引力是非常巨大的,这一带形成了佛教文化载体,如少林寺;文化教育载体,如嵩阳书院;先进科技的载体,如观星台等,这些都是先进文化的体现,自然能够汇聚人气,聚落能够长久不衰也就不奇怪了。

豫中地区主要围绕着环嵩山地域带形成了以嵩岳文化为主导的中原地域文化。嵩山在中原文化的形成过程中起到"发动机"和"孵化器"

的作用,嵩山以其山体大小适中,中低山丛布,山中夹有较广的低丘与盆地,水网发达,黄土台地广布等而利于人类生存,嵩山位居中国东西南北的要冲,便利人们交往、文化辐射与反馈。同时,嵩山文化圈在中国古代文明史上也发挥着重要的价值和作用,嵩山文化圈层在仰韶文化早期便已形成,不但形成了一个高度发达的文化圈,伴随着经济、政治、军事等方面都有着飞速的发展,军事上处在要塞之地,西接崤关,东临开封,南通湖广,北通幽州,嵩山地区成为中国文明进程中的突破和中心区。

嵩岳文化为主导的中原地域文化在豫中地区主要体现在以下的几个方面:

第一,多元统一,兼容并蓄。嵩山文化圈以其文化优势,辐射周边,同时又"能从四面八方吸取各种优势资源与本身文化融合为一,从而产生了杂种优势文化"。首先,豫中地区多元化的文化,在村落中也有显著体现,如豫中地区百姓相互迁移现象非常普遍,如村落中种族姓氏相对较多,一个村子随着发展,可能会出现三到五个较大的姓氏。豫中地域村落中宅院风格也不完全统一,正是这种兼容并蓄的文化底蕴造成的结果。其次,豫中以黄河为界,与豫北隔河相望,黄河形成分割的同时,又给河运等带来了巨大的融合,形成了黄河文化带,图2-14为1935年巩义附近的黄河渡口。

图2-14　巩义附近的黄河渡口(1935年)

(资料来源:拍摄人,邓之诚)

第二，礼制文化影响依然深厚，在《郑县志》中有这样的记载："化民成俗，礼乐为先，祀天祀孔乐章，祭器颁修，明备故首列之而余以次及若孔庙两庑，诸先贤先儒，天下大同，后世学古者，希竟有不能举起姓字者，余自燕赵归来，晋谒圣朝"①，以礼制文化为主导的文化脉络一直得以延续。《续荥阳县志》中也有记载："土瘠民贫，风淳俗俭书志详矣，民国以来乡间犹存古意"②。

第三，崇山文化，祭山文化由来已久，"封建社会以来，皇帝多次到五岳封禅，其中到嵩岳的次数最多"③，山川在普通村落百姓心中也有着根深蒂固的作用。

豫中地区有许多以家族为主导的宅院类型，几组宅院结合就形成了规模宏大的乡村，如康百万庄园、刘振华庄园，庄园规模大、宅院精美，能够结合地域条件又能通过宅院体现地位差别。这些宅院在营建的时候，受到礼制约束的同时又有所突破，譬如说建筑风格有自由灵活之处，刘振华庄园出现了一个西式拱券结构院落；与地域条件结合紧密，如康百万庄园的宅院还处理成窑房院，最后一进院落都以窑洞作为结束。这些宅院都有以下特征：

特征一：宅院受礼制约束明显。中轴对称，重装饰，宅院中的各种功能房间功能模式固定。

特征二：多进院落。由于豫中地区多平原地带，多进宅院非常常见，有的甚至能够达到五六进之多，有的一组宅院甚至贯穿整个街坊，形成了层次非常丰富的院落空间格局。

2.重礼制的宅院空间分布

前店后院是豫中地区一种商业为主导类型的宅院模式。其他地域分区中也有不少前店后院的商业类型的宅院，如豫西南地区荆紫关的商业四合院、豫南信阳地区的商业类型的四合院以及豫北官道上的四合院，虽然都以经营为主导，但空间组合以及功能组织上却有本质上的差别（图 2-15）。

---

① （清）朱廷献修，（清）刘日烓纂：康熙《新郑县志》卷二《兴地志》，清康熙三十三年（1694 年）.
② （民国）刘海芳等修，卢以洽纂：民国《续荥阳县志》卷五《风俗》，民国十三年，（1924 年）排印本.
③ 张松林等.嵩山文化圈在中国古代文明进程中的地位和作用［A］.中国古都研究（第二十一辑），2004：34.

乡村文化与乡村规划

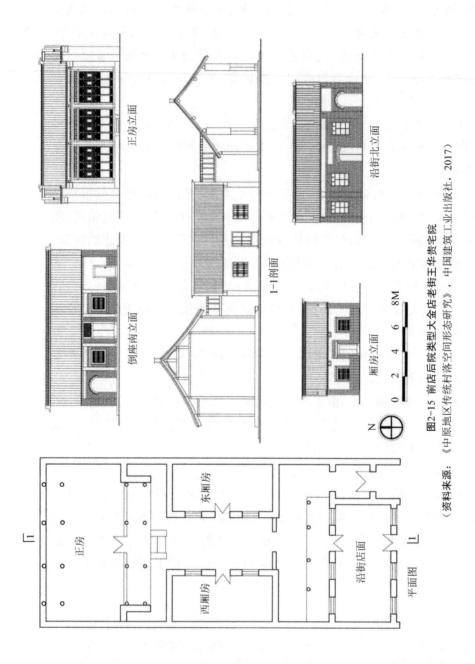

图2-15 前店后院类型大金店老街王华贵宅院

（资料来源：《中原地区传统村落空间形态研究》，中国建筑工业出版社，2017）

36

以登封大金店点镇的宅院进行分析,从功能使用的角度来看,大金店的前店后院的宅院类型与豫西南区的前店后院的空间类型非常类似,区别在于宅院的入口处与临街的店面。大金店的老街中,几乎所有的院落都要留有显著的位置作为宅院的入口,有时候在屋顶上还刻意提高门头的高度,强化宅院大门的重要性,这样就挤压了不少的商业空间的界面,临街商业被挤压占用,商业店面门窗都开向主巷,因此第一进院落都会非常狭窄局促。同时通过向高度发展来寻找空间,为数不少的沿街商业都是两层高度,入口的位置往往是首要确定的,有时候不惜牺牲商业空间的使用,将大门设置在正中间或者一侧,如大金店老街中的王华贵宅院,宅院空间所占据的沿街尺度本身不大,但是依旧在沿街面形成了门房和沿街店面两种功能性的主体。

3.以防御为主导思想的村落空间体系

豫中地区乡村中街巷空间层次非常丰富,除了街巷本身所担负的交通、交往的空间需求外,还要应对在动荡的社会环境条件下,深入到了村落空间体系方方面面防御的思想。如豫中地区村落街巷空间层级丰富、转折点多,这是其他地域分区的村落无法相比的,在大的街巷体系限定下,产生了多样化的街巷空间样式。从一般的传统来看,山地的村落中的地形变化多样,容易产生多样化的小空间,而平原地区则变化较少,但豫中地区的村落大部分在平原地区,由于融入了防御的思想,空间尺度的层次性和节点的转换被人为地复杂化、多样化了。

多层次的街巷空间主要体现在豫中村落中的街巷尺度的差别上,平面尺度来看,从宽十几米的主街到不足一米的窄巷,都能够在豫中乡村中找到实际的案例,从 D/H 来看,跨度也是很大,这些尺度的多样化,更加说明了村落的百姓能够因地制宜,灵活多样结合地形地貌、安全、房屋营建等多角度的空间处理方式。多节点,指的是街巷空间中有诸多的转折空间,如十字道路交叉口、空间结构转换点、街巷的转折点等等,这些转折空间大多数是从安全角度来设置的,尤其是一些支巷空间,也有一些是由于地形或者水系的原因形成的。增加了街巷空间的层次和节点之后,人行可达性不受影响,而视线的可达性则大大减弱,村落空间体系的安全性也随之增加(图2-16)。

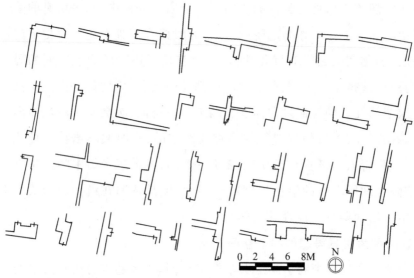

图2-16　临沣寨支巷与宅院入户门之间的关系

(资料来源:笔者整理)

以郏县渣堂镇的临沣寨为例,村落的空间体系就是紧紧围绕着防御来展开的,村落中以"井"字形的街巷格局将整个村落形态划分为了九宫格九个片区,村落的营建者朱氏兄弟的宅院位于中部偏西的位置,村落的第一级防御体系是基于划分内外空间层次的寨墙,寨墙外的环壕作为公共区域,临沣、溥滨、来曛三个寨门,通过寨门角度的扭转造成了从外向内视线的阻断。第二级的防御体系是街巷空间,街巷属于村落内部的公共空间,街巷空间又出现了大小不一的空间尺度和转折点多的支巷,袋型支巷的尽头的转折处理等都体现出了防御的功能;第三级的防御体系为宅院内部空间体系,以朱紫峰宅院为例,入口一个公共庭院联系着东路院和西路院,东路院作为主人招待客人的场所,西路院作为主人及家眷居住的场所,入口庭院正对的是两个院落所夹的狭长巷道,仅容一人勉强通过,入口庭院和巷道对于朱紫峰宅院来说又属于公共空间。东、西路院都是四周房子围合成的院落,这一层级又在宅院内部组织了入口公共院落和巷道,巷道窄且深,仅容单个人穿过。除了沿着"井"字形的主巷有宅院的大门相对正式、宏伟,遵循礼制的布局,更多支巷中有许多宅院的侧门则显得非常灵活,通过支巷空间中灵活转折,形成了许多灵活的门前空间。不难看出村落各个层级的空间体系都在围绕着防御体系来展开,这点与其他地域分区的村落有着显著的不同(图 2-17)。

(a) 村落整体鸟瞰图

(b) 狭长巷道 1　　　　　　　　(c) 狭长巷道 2

图 2-17　临沣寨航拍图及院落所夹的狭长巷道

[**资料来源:**(a)由郑东军提供;(b)、(c)笔者自摄]

第 3 章　文化脉络下的乡村空间

3.1　乡村空间组成

乡村的空间,主要指的是宅院之外和乡村的边界之内围合的"空"的区域,包括乡村的街巷、广场、村口等区域,乡村空间也是百姓活动的发生地,邻里交往的载体。乡村空间具备物质和社会的双重属性,乡村空间串联着乡村的各个实体功能单元,经过不断地、潜移默化式地塑造、再塑造,形成了一定的逻辑秩序。

乡村空间具有复杂性,它的发生、发展都与诸多因素有关联,必须将乡村空间纳入到一个系统中来看待、分析。构成要素、空间层次、空间结构是构成乡村空间研究的主要内容,本书对乡村空间的层次进行划分,对构成乡村空间的要素和整体性的联系结构进行理论性的描述。乡村空间的构成基础是乡村社会性活动,反映着社会与空间的关联性,聚落必然反映出人与人之间的交往空间形成过程具有较强的连续性,而社会过程则有较强的变革性,由于人是使用空间的主体,故往往需要通过乡村使用的主体——乡村百姓来衡量乡村的空间活力和传承性(图3-1)。

3.1.1　乡村空间属性

对百姓来说,乡村空间具有很强的可识别性,是在百姓长久生活、潜移默化中形成的一种空间模式。不同的社会结构、生产方式对应着不同的空间类型。甚至有的典型乡村空间要在家谱中进行详细的记录(图3-2)。看似平常的乡村空间,其走向、尺度、规模、形状都蕴含着丰富的集体智慧。村落空间具有物质性和社会性的双重属性,物质属性主要是指空间形态的尺度、形态、大小、围合界面等客观存在的物质形式;其空间构成意义和精神内涵属于社会性的延展。美国学者摩尔根就发现印第安人氏族社会的组织结构和行为准则与物质形态上有高度的一致性,乡村

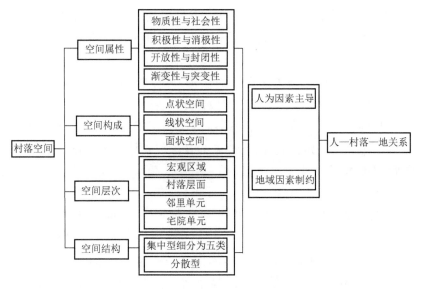

图 3-1　中原地区乡村空间研究架构

（**资料来源**：笔者整理）

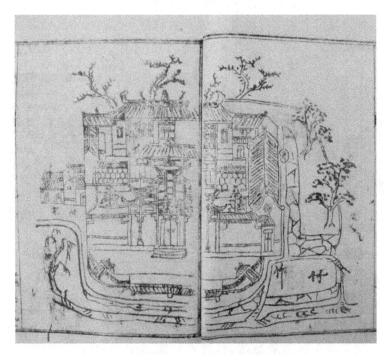

图 3-2　毛铺村家谱记录的典型乡村空间

（**资料来源**：毛铺村彭家族谱）

是具有自我控制机能的封闭社区,传统礼俗足以处理人们在日常生活中发生的矛盾和冲突。社会属性内涵属于无形的力量,村落空间总有自我独特的表达方式,是百姓长期与周边环境互动的结果,这里包含着百姓对自然、营建材料、社会礼俗等多方面的认知。建筑或聚落不过是作为空间的凝固,把某一个社会关系的一个片段固定下来了,传统的社会关系就是将柴米油盐的生活反映在物质形态中而实现了空间化。社会属性会对村落的空间形态产生一定修正作用,会增强其可识别性和类型特征。

1.空间与实体

乡村中的空间与实体是互为图底、互相依存的一种依赖关系。乡村没有实体就无所谓空间,没有空间也就不存在实体,空间把各种实体分割开来,连续性的空间像流体一样无孔不入地渗透到实体表面,使实体显现为有轮廓、具体形式而得以存在。实体指的是乡村中有形的、客观存在的物质形态,如宅院、祠堂、家庙、凉亭、寨墙等,这些都在承担着村落的主体使用功能,学者张玉坤认为空间和实体的最大区别在于物质的密度,物质实体都是在密度上高于其周围物的聚集。从百姓使用的角度来说,空间是百姓能够自由游走于其中的场所,凡是百姓能够到达的村中区域都可以作为空间对象来考量,实体仅仅作为分割空间的界面(图3-3、图3-4)。

图3-3　临沣寨街巷空间　　　　　图3-4　临沣寨沿寨墙空间

（资料来源:笔者自摄）　　　　　（资料来源:笔者自摄）

2.开放与封闭

开放和封闭是乡村交往空间的固有属性。乡村中的空间更多地表现为封闭,如宅院空间,私密性很强,内外分界线非常明显,如寨墙围合起来的乡村就是一个封闭的整体,百姓对村落空间的方向、尺度等都非常熟知,可以无任何限制地穿梭于其中。对于外来者来说,乡村又是封闭的,即使有大型的"集",对外的活动领域也仅限于有集市主巷空间,

对外来者说,步入其他空间后就显得格格不入(图 3-5)。"集""会"是
乡村百姓对外商品交易的重要空间,《易经·系辞下》中记载:"日中为
市,致天下之民,聚天下之货,交易而退,各得其所。"时至今日,中原地
区乡村中的"会"的发展依旧非常普遍和繁荣,每逢固定的日子,乡村中
便有"会",方圆十里八村的都会来赶集交易,水泄不通的主街道是集市
活动的主要承载空间,百姓都乐此不疲,因为在这里可能会碰到任何人
(图 3-6)。乡村空间的开放性和封闭性的特征是建立在村落清晰的层
次性和空间的分布上,如对于村落百姓来说,可以分为公共性空间—半
公共半私密空间—私密空间,对于外来者说,空间层次则只能是从开放
空间到私密空间的直接过渡。

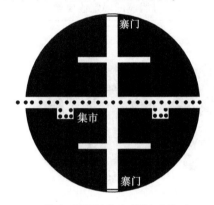 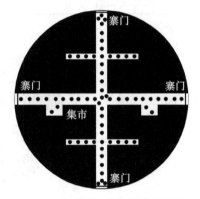

(a) 外来者在村落中的活动轨迹　　　　(b) 村落百姓的活动轨迹

图 3-5　村落空间的开放与封闭

(资料来源:笔者整理)

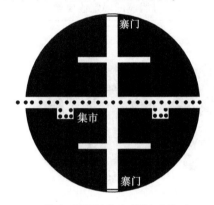

图 3-6　开州志岳村市集文化

(资料来源:《开州志》)

3.消极空间与积极空间

根据使用者对空间的感受,可将河南传统村落的空间分成积极空间和消极空间。空间的积极性指的是空间满足人的意图,即有计划性,空间的消极性,指的是空间是自然发生的,无计划性的,空间的积极与否受到空间尺度、限定性要素、空间的使用情况等三个方面的影响(表3-1、图3-7)。

表3-1　河南传统村落的积极空间特征

序号	控制要素	特征描述
1	空间尺度	空间水平尺度和竖直尺度,符合人的心理尺度感受
2	空间的使用情况	百姓使用频率高,能够吸引人停留下来
3	限定性要素	空间中有古树、古井等明显的限定性要素

资料来源:笔者整理。

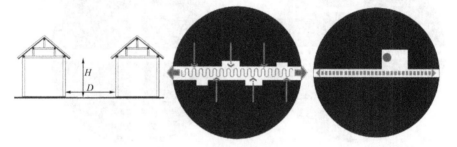

（a）D/H 比值在 1~2　　　（b）吸附力强的空间　　　（c）有限定要素的空间

图3-7　积极空间的特征

（资料来源:笔者整理）

第一,空间尺度,主要是空间水平和竖直尺度之间的关系,D/H 比值在1~2最符合人的心理尺度感受,以"近人尺度视角",在人的感受与街巷空间尺度之间找到结合点;第二,空间的使用状况,我们要根据空间的主导使用性质进行判断,消极空间如以过往交通为主街道,人在其中,行色匆匆,以快速穿过为目的,反之,有些街巷空间的吸附力很强,百姓的房屋等都直接开向街巷,易吸引人停下来,这种空间为积极空间;第三,空间是否具有限定性要素,尤其是一些点状空间中,限定性的要素可将空间的领域、中心性限定出来,这些空间成为百姓喜闻乐道的场所,空间的积极性彰显无遗,如古井、古树、古桥等都是典型的空间限定性要素。

4.空间的渐变与突变

中原地区的乡村空间存在着渐变和突变的特征。乡村中不管是自然事实或者是人为事实都在永远地变动着,随着时间的变迁,村落空间会产生中心转移或者形态变化的状况。

借鉴考古学中的"共时单元"来说明乡村空间渐变和突变这个问题就非常贴切,在相当长时期内不发生变化、不打乱整个文化要素组合,它是一种定态,从其中的大部分或最重要的部分中归纳出来的行为和方式可以适用于其全体。学者郭肇立也提出了传统聚落空间的实时性,要把传统村落的物质形态放在历史的长轴上来检验各个时期的物质形态与社会结构是否吻合。

今天我们所看到的传统乡村的物质形态,都是由各个时期历史的碎片叠加而成的,我们需要把这些碎片还原到历史的长轴中,才能审视各个时期聚落空间与社会性、公共性的契合程度,功能的变迁能揭示出空间形态的差异,也能映射出乡村百姓生活的变迁。传统村落的空间是异常脆弱的、易发生变化的,遇到重大的事件或者其他的突变,乡村的空间形态随之改变。有关乡村的记载少之又少,需要我们通过走访调查,查阅族谱、地方志等手段,还原历史,关注村落的实时性。

3.1.2　乡村空间类型

乡村空间构成要素的分类,主要基于乡村的使用主体——百姓对乡村空间的使用和认识,同时也基于乡村空间本身所呈现的物质形态特征,乡村空间所呈现出来的几何特征可以轻易地判断出乡村空间的使用情况和空间特征。以"点、线、面"等基本形态对中原地区乡村的空间形态特征进行归纳(表3-2)。

表3-2　中原地区传统乡村空间类型

序号	空间类型	空间特征	表现形式	图示
1	点状空间	村中的中心点;很强的汇聚力,领域感;有限定性要素或者围合的界面	村中心广场、街巷拐点、村口空间等	
2	线状空间	有很强的方向性;空间承载交通交往;界面整齐	街、巷、河道沿线、寨墙沿线等	

续表 3-2

序号	空间类型	空间特征	表现形式	图示
3	面状空间	开敞空间尺度大;凝聚力弱;担负着村落某种功能	大型的外部功能空间	

资料来源:笔者整理。

1.点状空间

点状空间指的是乡村的中心点、临界点等所限定出来的空间区域。点状空间在乡村空间形态构成中往往起着画龙点睛的作用。"点"一般指的是祠堂、中心广场、宅院、庙宇、古井、百年古树等,"点"具有凝聚性、吸附力,是百姓容易集中的地点,在地理位置和百姓心理地图中都非常凸显,是一种集体无意识场所精神的体现,能够统领整个村落。学者王昀认为"在聚落中心一般都分布着具有公共意义的建筑物,如寺院、广场、村主任的家、水井等"。学者张玉坤认为"空间的中心是从外部来体验的,通过对象的反射人才有自我意识和知觉,这个对象也就是中心"。如庙宇就是河南传统村落中一种典型的中心,其中供奉着有求必应的神灵,在庙宇里常常汇聚大量人流,《礼记·祭法》中这样记载:"山林川谷丘陵,能出云,为风雨,见怪物,皆曰神,有天下者祭百神,以死勤事则祀之,以劳定国则祀之,能御大灾则祀之,能捍大旱则祀之"。学者陈志华也分析庙宇易形成点状空间的原因:一是庙宇香火旺,杂居一起易引起火灾;二是庙宇一般有戏台,人流大,会对周边村民产生影响;三是对风水有增补或者禳解。又如水井所形成的点状空间也很常见,但凡聚落中心,都会是一村之井泉所在,井泉周围便是一个情报中心,这里能够轻易地汇聚起人流。

2.线状空间

线状空间主要是指乡村中街巷和其他线性空间,如河流沿线、寨墙沿线等空间。线状的街巷空间主要担负着交通、联系、交往、商业、日常活动等的功能。街巷是组织村落活动、道路交通的重要载体,聚落是人类在地表活动留下的首项痕迹,道路是第二项痕迹。对河南传统村落的线性空间主要借助芦原义信的外部空间理论,利用宽高比(D/H)来考量线状空间的尺度关系(图 3-8)。

（a）街巷结束点　　　　（b）街巷尺度 D/H=1.5　　　　（c）街巷转折点

图 3-8　卫坡村的主街空间

（资料来源：笔者自摄）

线状空间是百姓邻里交往的重要载体,一出家门就会进入街巷空间,线状空间是一种动态的交流空间,活动发生频率高但时间短暂,如秋收农忙季节,早上九点钟左右,百姓基本上都要走出家门下地干活,大家都会穿梭在街巷中,相互热情地打招呼,倘若此时没有见到谁,都会被大家议论一番。宅院入口、街巷拐点处是邻里活动的多发地。线状空间又是一道约束的红线,道德观念是传统社会让人自觉遵守社会行为规范的信念,包括行为规范、行为者的信念和社会的制裁,百姓建宅院都会根据街巷界面退让,遵循着约定俗成的规矩,谁也不会多侵占街巷空间。乡村内部也会根据道路的宽窄分为街和巷,主巷对干的宽度,古人主要通过马车通行宽度作为依据来控制。

3.面状空间

面状空间主要有两种情况:第一,乡村中集中的开敞空间的面积占到乡村整个面积的一半以上且空间在历史上发挥着一定的作用,就形成了面状空间;第二,乡村空间中没有点状空间的存在或者说空间无法形成强有力的汇聚中心都可以称为面状空间。中原地区乡村中的面状空间主要有两种:类型一,由于历史上乡村特殊功能的需要,乡村外部空间占地与宅院占地平分秋色,形成了乡村各半的局面,如孟津的石碑凹村(图 3-9);类型二,乡村外部空间没有秩序性和方向性,如地坑院类型的村落,整个乡村位于地平线以下,外部形成了一个偌大的平面空间,与传统意义上的街巷联系的模式不同(图 3-10)。

图 3-9　石碑凹村　　　　　　　　图 3-10　地坑院院落

（资料来源：笔者自摄）　　　　　（资料来源：笔者自摄）

3.1.3　乡村空间构成要素

我们把边界、中心、结构作为描述乡村形态的基本构成要素（表3-3）。

表 3-3　乡村空间形态构成要素及特征

序号	构成要素	典型特征	类型	物质表现形式
1	边界	围合形成认知领域，连续或者不连续，可识别性	显性边界	寨墙、河流、道路、田埂、山体
			隐性边界	
2	中心	具有强的吸引力和凝聚力，客观存在物质形态或者是村落空间	地理中心	重要的公共建筑如祠堂、庙宇等，空间广场、大户宅院、重要的构筑物周边、古树等
			心理中心	
3	结构	将乡村各个要素之间组织起来的逻辑秩序	散点结构	与乡村整体形态、轮廓相对应，由宅院等组合单元共同组成
			集中结构	
			线性结构	

资料来源：笔者整理。

1.形态控制要素一：边界

乡村都有着相对清晰的边界线，边界往往是指乡村百姓所活动领域范围，包括寨墙、溪流、山体、宅院、农田等等，乡村与外界环境之间会形成清晰而有效的轮廓，勾勒出了乡村的整体形态，也就建立起了自己的领域，就是百姓常说"到了自己家的地界儿了"。学者袁媛认为"乡村边界在塑造乡村形态上发挥着重要的作用，也是最易受到破坏的一个层面"。边界限定出了乡村的领域，边界是人工和自然界之间与生俱来的分界线。边界也常起到门槛的作用，人们设定边界要将自己的领地和周围的领地相区别。

　　从物质角度上来看，乡村形态可以认为是乡村边界围合起来的领域，领域内外往往是泾渭分明的，连续且封闭的边界限定之内的就是乡村领域，这些人工区域与周边环境有着显著的差异性。人们时常用完形心理学的连续性和闭合性来阐述边界，连续性和闭合性是边界的两个重要性质。从社会属性角度来说，乡村的领域又是乡村百姓对场所的认同感和识别性。乡村领域是乡村建造者的空间概念在现实空间中投射的结果，乡村空间本身只不过是这种空间概念物象化的产物，领域是体现聚落归属感和向心性的重要方面，一个长期生活在乡村里的人，能轻易地判断乡村范围在哪里，领域的存在还有一种潜在的支配概念在里面，百姓是能够支配和占据乡村的领域的。

　　中原地区的乡村的边界存在着显性和隐性两种类型。显性的边界往往是封闭且类型多样的，只要把乡村的边界清晰辨析出来，就很容易判断出乡村边界的特征和性质，如寨墙环壕，作为边界有很强的连续性，内外隔离效果显著，界定出了乡村的用地范围和百姓心理上的界限。乡村中还有隐性的边界，乡村散落在一定的区域中，与周边地理环境没有明显的边界，乡村的范围虽然没有明确的限制，但也有饱和的限度，一旦超过这个限度，就会招致种种不利。乡村规模主要受到田地和乡村建设用地承载力的制约，超出土地承载能力，则需要寻觅一块新的基址建设乡村，即使有血缘关系的家族乡村也必然面临着分村的局面。乡村之外的田地、水域等，也是乡村百姓日常耕作的区域，没有显著的边界特征，却也属于乡村的领域范围(图3-11、图3-12)。

图3-11　无明显边界的豫西地坑院村落

(资料来源:笔者自摄)

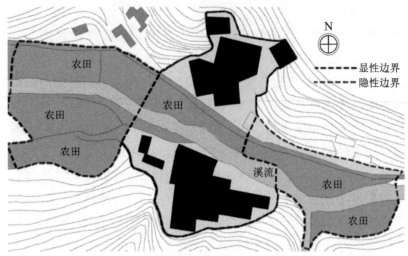

图3-12　乡村的显性边界和隐性边界

（资料来源：笔者整理）

2.形态控制要素二：中心

乡村形态中心往往是乡村形态的凝聚点,中心一定程度上能够左右乡村的形态,引导着乡村的秩序。乡村中心的特征一般为凝聚力强,能够吸引百姓集中的地方或者是在百姓乐于靠近这里营建宅院关键点,乡村中心也往往会有限定性的要素。乡村的形态中心的类型往往是村民心理中相对重要的地点、建筑、构筑物等。

在原始乡村的雏形中,中心促成了乡村的整体形态,体现出了一种内在的平等秩序和主从关系。秩序乃是出于人为,出于人的社会需求。中心性便是这些人为秩序中最为突出的一点。如姜寨遗址折颜部落中环状的乡村形态中,五个相互平等且具有亲缘关系的氏族按照顺时针方向排成个圆圈状,中心则是部落议事的大帐篷。又如豫南以血缘为纽带宗族乡村中,宗祠是村中百姓心理的中心,"诚以祖宗发源之地,支派皆多源于此"[1],宗祠亦处在乡村中关键的节点上,影响着乡村的整体形态格局(图3-13、图3-14)。

---

[1]　(清)林牧:《阳宅会心集》卷上《宗祠说》,清嘉庆十六年(1811年)刻本.

图 3-13　毛铺村宗祠改造前　　图 3-14　毛铺村宗祠改造后

（资料来源:笔者自摄）　　　　　（资料来源:笔者自摄）

3.形态控制要素三:形态结构

村落形态结构是通过村落领域内各要素组合的内在秩序表现出来的,形态结构将村落各个功能单元有机地串联起来,在聚落中,共同的纽带是在事物的配置、排列、形态等方面表现出来,形成了内在的、统一的秩序。形态结构通过边界、节点、中心的形态控制要素体现出来。形态和结构之间存在着一种映射的对应性关系,结构和形态之间存在着图形的同构现象。河南的传统村落的形态结构主要分为散点结构、集中结构和线性结构等三种(表 3-4)。

表 3-4　河南传统村落的形态结构

类型	中心	边界	特征描述
散点结构	无中心	无明显边界	整体布局松散,构成要素布局匀质,呈点状散落在地域中,与周边环境有机融合,少群体组合,无空间的限定
集中结构	强中心 多中心	边界清晰	构成要素之间紧凑布局,呈现团状,联系紧密,主次中心递进关系。重要建筑或者开放空间构成村落中心
线性结构	单中心	边界清晰	村落沿着河流、官道等线性要素展开,形态呈现带状。线性要素会形成一条非常显著的联系纽带

资料来源:笔者整理。

3.2 乡村空间文化特征

乡村空间是孕育民族文化遗产的舞台,是民族文化赖以生存的重要物质载体之一,乡村一旦丧失了其赖以生存的文化空间,这些文化遗产如地方戏剧和宗教礼仪等会衰退进而干涸。因此,在对乡村空间结构分析时要特别注重乡村的文化空间。"文化空间"的提出,使人们关于传统村落中的"文化空间"的认知更加具有可识别性,有利于促进传统村落历史遗存的研究与保护。保护乡村空间的文化属性是乡村保护与发展的重点所在。乡村文化空间的形式可以归纳为以下几个方面。

3.2.1 人居环境

乡村人居环境蕴含着丰富的人类文化,是地域特色文化的起源地、扩散地和传播地。大多地处偏僻,加之独特的地形,同时封闭落后,受经济影响较小,民风古朴,历史和科考价值较高。例如中原地区的环嵩山带就孕育着非常精彩的人类文明,是人类最早的定居地之一,又如伊洛河流域的河洛文化、沿黄文化,沿线都诞生了大量的乡村文明,也为我们研究乡村提供了非常好的样本和载体。乡村中的选址、空间以及营造等都是地域和人文的综合反映。

3.2.2 集会

在中原地区的乡村中,有些乡村中多举行一些重大的集会活动。如宝丰县的马街村,清嘉庆至光绪年间宝丰马渡街人,宫选洧川县训导,继升任南阳府教谕,致仕,酷爱曲艺,被乡里推举为"十三马街书会"会首。公任会首间,善举措,兴书会礼让,主导开戏煞戏,将马街之集市移至书会会场。同治三年,司公巧用"投钱入斗法"计算出当年到会艺人共两千七百人。马街村的主巷为一条南北的大道,串联着书会会场、马南石桥、豫陕鄂五地委办公地旧址、火神庙旧址等,主巷两侧串联着支巷(图3-15)。

图 3-15　马街村集会空间及关键节点

（**资料来源**：笔者自绘或自摄，底图来源于《马街村保护规划》）

3.2.3　生产场所

这类场所在传统乡村中非常多见，如反映百姓农忙季节晾晒粮食、农作物的空间。无论乡村的用地多么紧张，乡村中都会形成一个面积较大的广场，广场可能位于祠堂前或者紧邻乡村中的重要宅院，视野开阔，通常是由民居四面、三面环绕，形成非常好的空间尺度，其中的一个重要作用就是晾晒农作物（图 3-16）。

图 3-16　何家冲村晾晒农作物的空间场所

（**资料来源**：笔者自摄）

3.2.4 街巷

街巷空间是乡村中重要的空间载体,有些乡村类型整体的空间形态都受到了乡村街巷的影响,因此乡村街巷空间是乡村文化载体的重要体现。如卫坡村、方顶村等乡村的一部分宅院都牺牲了南向朝向街巷,形成了典型的街巷丰富空间。

3.2.5 手工艺生产空间

中原地区乡村中孕育着具有非常厚重文化气息的传统手工艺,如洛阳甘泉村就是一个非常好的制陶的乡村。甘泉村有小南凹宋代瓷窑遗址,李元沟宋、元瓷窑遗址,北嘴元代瓷窑遗址。另据清代《新安县志》记载,甘泉岭(牌)居民以陶冶为业,称"碗窑岭"。乡村中烧陶的窑形成了其独特并且完整的生产工艺和生存空间。同时也与官道有机融合,形成了专门用来交易的传统手工艺街道,甘泉村的制陶在明清时期非常兴旺,一直延续到今天还在生产(图3-17)。

图3-17　甘泉村
(资料来源:笔者自摄)

第 4 章　量化分析下乡村空间研究

　　近些年来,毫无差别的乡村空间整合、乡村风貌整理等破坏乡村的异质建构的出现,使乡村的地域文化遭受到了较大的破坏。经过不断的探讨和时间实践,在国内已经达成了尊重乡村原有的历史形态的共识,明确强调地域文脉的保护与传承。对乡村空间的理论和方法的深度挖掘,以及对乡村空间规律的准确操作,促进了乡村研究从定性到定量跨越式的发展。总的来看,乡村规划理论和实践需要沿着两个方向进行对乡村解读:第一,如何辨伪存真地提取乡村空间的真实形态,完成乡村空间的认知;第二,如何利用乡村空间发展的规律,并以此为基础,评判或者演绎乡村空间的形态从而辅助乡村空间的决策。这也是需要对乡村空间量化研究并应用于实践的一个必要趋势。近些年来,空间实践与研究逐步从单一的城市为对象,转移到了城乡统筹发展、乡村振兴发展,尤其是近些年来人工智能、虚拟现实、元宇宙等新概念的异军突起,这些势必会对乡村空间的实践研究带来革命性的突破。同时,城乡规划学科也广泛吸取着地理学、计算机科学、数学等复杂系统科学领域的成果,一部分也将会深入运用到乡村的研究与实践之中。

　　量化分析是一种研究乡村空间形态而采用的工具或方法,需要树立一种进行量化分析研究的思维模式,从定性研究走向定量研究。下面介绍几种乡村量化分析方法。

4.1　空间句法对乡村空间结构的研究运用

　　20 世纪 70 年代 Bill Hillier 提出空间句法并广泛运用于聚落空间的社会属性的研究,空间句法是基于数学思维的空间研究手段,开创性的量化阐述了城镇空间的拓扑关系;同时提出空间不仅是人类活动的背景,更是人类活动的内在属性,将有形要素与无形要素相结合,为空间的社会属性研究提供了新思路,更加强调空间与社会的关系。20世纪末,空间句法传入中国后,被中国学者广泛运用于城市空间形态的研究,并取得了非常丰硕的成果。空间句法的Depthmap软件小而精,易于上手,是一个非常不错的研究乡村空间的工具。其已应用于乡村空间社会属性各维度的研究。例如,乡村聚落建筑和豪宅内部的空间配置,揭示了乡村空间形态的时空演化过程,乡村宗族社会文化结构的空间表征,乡村空间与文化的关联,不同使用群体对乡村空间感知的差异,以及传统乡村聚落公共空间和街道空间。总体而言,对乡村社会空间的研究更多集中在与人类利用密切相关的中微观尺度上,而以集群为基础探讨传统乡村聚落空间与社会关系的研究相对较少。

4.1.1 空间句法结合乡村空间意象调查

乡村调查是乡村研究与实践的基础性工作。常规的踏勘方法是走访、调查、记录,通过对乡村百姓的深度访谈并结合研究者的深入观察,记录乡村的物质空间,深入地理解乡村空间形成的背后意义。在对乡村调查的时候经常采用的方法是空间意象的调查方法,空间意象调查方法是从乡村的边界、内外部流线、入口阀门和关键点等方面进行剖析,寻找乡村的典型特征。现场会以草图的方式进行记录,比如空间流线,宅院组合方式、关键点、河流、树木甚至现场发现的问题等都要进行一一罗列,同时也要配合计算机对乡村的重要信息进行绘制和整理(表4-1、图4-1)。如果能进一步地将传统意义上的空间意象调查与量化分析相结合,将会对乡村的空间形态有着进一步的深入而准确的剖析,及时找到乡村的关键点,乡村调查的基础工作则更加扎实有效(图4-2)。

表4-1 乡村空间意象调查方法

序号	调查要素	特征描述	简图
1	边界	显性边界是村庄百姓生活居住用地的边界;隐性边界是显性边界外的田地、河流等乡村百姓默认的势力范围	

续表 4-1

序号	调查要素	特征描述	简图
2	外部流线	指村域范围内的农业生产、对外联系等联系通道,开放性强,防御等级低	
3	内部流线	乡村建设用地内部,由宅院组成的熟人空间,封闭性强,层级分明,防御等级高	
4	入口阀门	乡村建设用地与外界的联系出口,能够随时关闭,位置隐蔽	
5	关键点	村中公共性的节点,象征意义强,聚集性强	

资料来源:笔者整理。

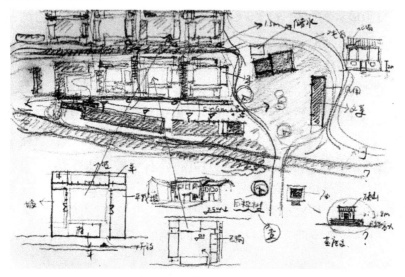

图 4-1　草图记录过程

（资料来源:笔者自绘）

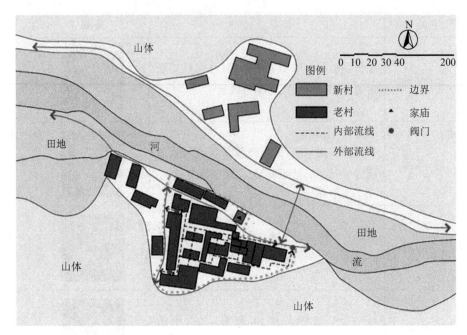

图4-2　乡村空间意象

（资料来源：笔者自绘）

1.空间意象调查分析

我们以豫南乡村为例进行乡村空间意象调查方法与空间句法的结合,形成了乡村调查的基础性工作内容。首先,运用现场踏勘和百姓访谈的手段对乡村进行空间意象分析,从乡村的边界、内外部流线、入口阀门和关键点等方面进行剖析,发现何家冲村、毛铺村、丁李湾村等都有显著防御下乡村空间的递进性,生活下乡村空间的融合的两大典型特征(图4-3)。

下面以何家冲村为例进行具体的剖析。进入到何家冲村内部,空间既分割又融合。防御的角度,乡村利用边界分割空间并且层层递进,越靠近村落内部中心,层次越多,防御性越强;生活的角度,百姓的日常生活,却又能在封闭的空间下以一种家园式的模式有序顺畅地展开。

图 4-3　何家冲村内部流线

（资料来源：笔者自绘）

（1）防御下乡村空间的递进性

何家冲村以村入口、窄巷、厅堂空间、院落等进行空间转换。何家冲村建立起了层次分明、层层递进的乡村防御体系。具体表现为：乡村从外到内，防御体系逐渐增强；乡村内部有边界清晰的空间体系，并随时可以关闭层级阀门切断空间层次转换（图 4-4）。迷宫一样的乡村空间格局，随时封闭的空间阀门，能够轻易地将入侵之敌分割在不同空间内。

何家冲村以河流为界，北岸为新村，老村背山面河而建，牺牲了朝向，将村庄隐匿在山的北侧一片竹林前，河流形成了村落的第一层边界，跨过河流，才能步入村口；村口是一个近似三角形的小广场，是村中唯一开阔的公共空间，也是内外的转换阀门，位于村口一隅的宗族祠堂是何家冲村的关键点，宗祠紧靠溪流，扼守着乡村入口的咽喉要道。围合村口广场的河岸线、山体以及宅院的墙体形成了乡村的第二层边界。

村口广场西侧的一个类似宅院的大门则是进入乡村内部的起点，跨

59

过乡村内外空间分界线的入口阀门,就进入了乡村的内部,内部流线是乡村熟人社会空间的活动轨迹,各个宅院之间主要由街巷、前廊、厅堂串联。又窄又局促的廊前空间既是院落空间的一部分,又是联系宅院之间的交通空间;同时,宅院正房厅堂前后墙体同时开门也是最直接的联系通道,穿过一户的正房直接到达另一户的庭院。

关闭各个空间节点的阀门,就阻断了空间系统的流动性。如关闭了宅院大门,街巷空间就被阻断了;许多廊前空间仅能容纳一个人侧身通过,同时在转折处设置角门作为分割,关闭角门就轻易地将廊前空间的联系阻断。厅堂的门晚上都处在封闭状态,空间局限在了一定的范围之内(图4-5)。

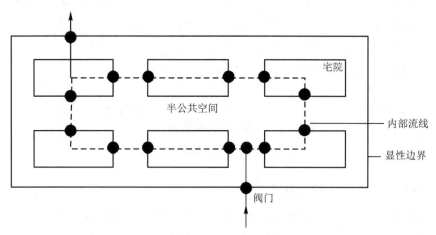

图4-4　乡村空间递进
(资料来源:笔者整理)

（a）天然屏障　　　　　（b）入口阀门　　　　　（c）宅院阀门

图4-5　何家冲村内外屏障
(资料来源:笔者自摄)

（2）日常生活下乡村空间的融合

日常生活状态下，豫南乡村的内部空间又会呈现出非常强的融合性，具体体现在街巷空间的融合、开敞空间与私密空间的融合（图 4-6）。豫南乡村多是一个大的家族构成，各个宅院主人之间都有非常近的血缘关系。街巷这一空间层次在乡村内部的作用非常弱，往往是直接穿过一家的厅堂到达另外一家的院落。白天，各个宅院的厅堂都是全部开放的，能够自由穿梭其间，其乐融融。

何家冲村主要利用正房厅堂的前后开门进行院落的串联，形成了内外区分明显、相互融合的空间关系，从村口广场，登上三四步台阶进入乡村的大门后，一侧是条形的房屋一字排开，房屋的大门直接开向街巷，街巷与院子杂糅在一起，街巷的尽头是一处宅院的入口，穿过这所宅院的厅堂又进入了另一处宅院，内部街巷和院落相互穿插，交通和院落融合在了一起（图 4-7）。以生活为基调的乡村将原本的开放与私密、内与外等对立的空间状态变得模糊起来，当空间边界的阀门全部打开后乡村内部空间变得畅通无阻。形成内部空间的融合需要具备两个条件：一是以血缘为纽带的家族式乡村，二是需要借助乡村本体作为主要的防御屏障。乡村百姓的各个宅院恰似一座四合院中的厢房、倒座、厅堂、院落等，一个家族就是一个乡村，就是一个大宅院。

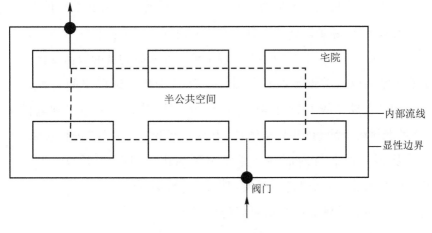

图 4-6　乡村空间融合

（**资料来源**：笔者整理）

（a）何家冲院落空间 　　　　（b）院落街巷融合 　　　　（c）窄巷空间

图 4-7　何家冲村内部空间

（资料来源：笔者整理）

运用 AutoCAD 绘制轴线图 Axial map 和凸空间图 Convex map，转化为 Depthmap 软件可识别的轴线模型和凸空间模型，以可理解度与整合度为主要参数，从局部和整体、静态与动态中探究乡村空间中的社会逻辑以及等级秩序的差异。

2.空间句法轴线分析乡村空间

有了何家冲乡村空间意象的分析之后，下面进一步运用空间句法进行分析，将量化的分析方法融入空间意象之中，定性与定量分析之间相互印证，进一步加深对乡村空间的解读。

将百姓日常主要活动的轨迹空间视为线性空间，进行空间句法轴线整合度的分析，探寻乡村内外空间可达性的差异。反而越深入到乡村内部，空间整合度就越低，越难以到达。百姓常用的内部空间主流线的可达性也普遍低于次要流线，图中不同的线条体现了整合度从高到低的数值变化。

图 4-8
电子图

从整体空间以及关键流线进行轴线可达性剖析。选取空间意象认知较高的两条主要流线上的关键点进行比较分析，流线 1 从新村到老村田地，经过老村内部廊前空间，空间从"开放—半开放—开放"进行过渡；流线 2 是从新村到老村内部穿厅堂空间到后山，空间从"开放—半开放—私密—半开放—开放"进行过渡（图 4-8、图 4-9）。

运用空间句法的轴线图分析可以得出以下三个结论：

（1）整体可达性低，村口处可达性最强

从全局整合度（R_n）来看，何家冲新村、老村整合度都处于较低水平，最

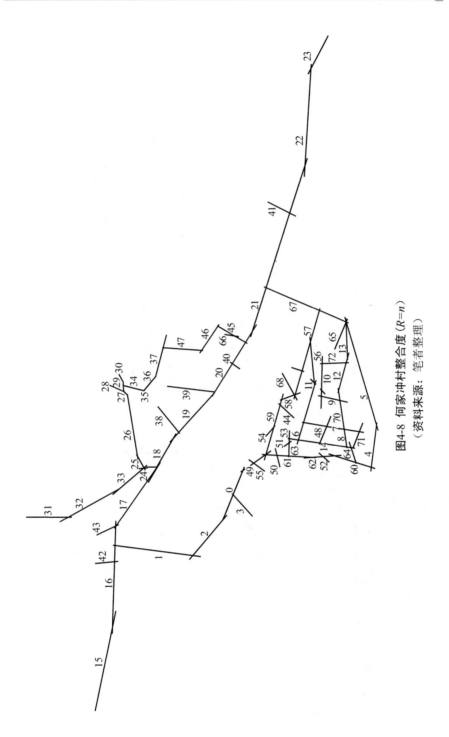

图4-8 何家冲村整合度（R=n）

（资料来源：笔者整理）

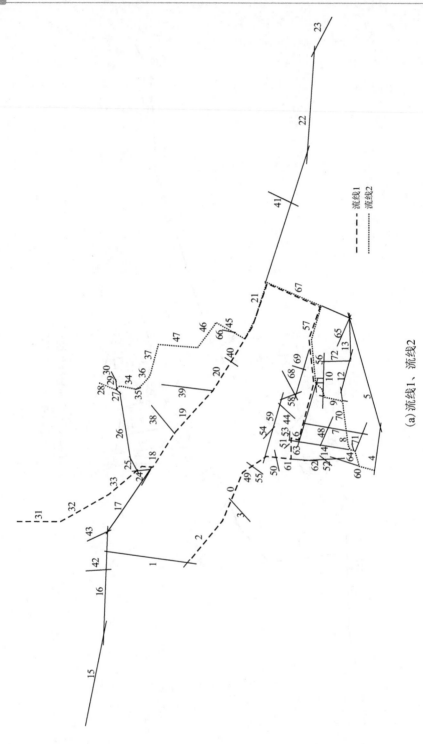

（a）流线1、流线2

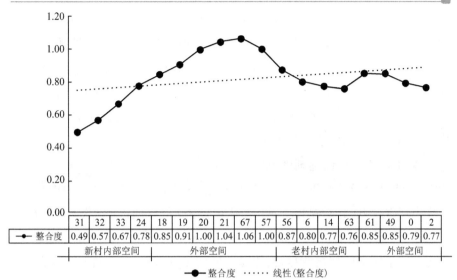

	31	32	33	24	18	19	20	21	67	57	56	6	14	63	61	49	0	2
●—整合度	0.49	0.57	0.67	0.78	0.85	0.91	1.00	1.04	1.06	1.00	0.87	0.80	0.77	0.76	0.85	0.85	0.79	0.77

新村内部空间　　外部空间　　老村内部空间　　外部空间

●—整合度　　……线性(整合度)

（b）流线 1 整合度

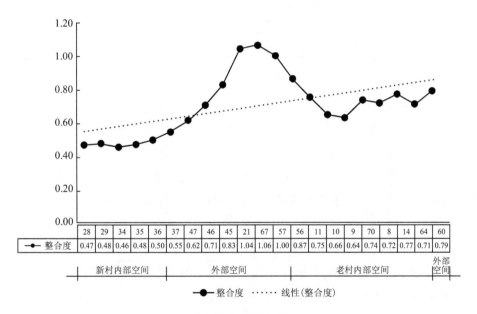

	28	29	34	35	36	37	47	46	45	21	67	57	56	11	10	9	70	8	14	64	60
●—整合度	0.47	0.48	0.46	0.48	0.50	0.55	0.62	0.71	0.83	1.04	1.06	1.00	0.87	0.75	0.66	0.64	0.74	0.72	0.77	0.71	0.79

新村内部空间　　外部空间　　老村内部空间　　外部空间

●—整合度　　……线性(整合度)

（c）流线 2 整合度

图 4-9　流线 1、流线 2 整合度（ R = n ）

（资料来源：笔者整理）

高的区域位于新老村的联系地带(轴线 67、21)整合度数值分别为 1.06
和 1.00,以及老村村口处(轴线 57),老村村口处可达性高、聚集性强,这
与空间意象结果一致。整合度数值最低的空间位于新村的北端为 0.43
(轴线 30),这里地势较高,住户分散,多为近些年建设,对乡村整体格局
构建影响不大;老村整合度最低的区域位于村中心,整合度为 0.64(轴线
9),中心空间转换层次多,可达性弱。

(2)由外向内可达性逐渐降低

何家冲老村全局整合度(R_n)由外向内逐渐降低,越靠近乡村的内部
中心,整合度就越低,越是难以到达,呈现出了空间层层递进的特征。在流
线 1、流线 2 中老村整合度较低的空间分别为轴线 63、轴线 9 所对应的空
间,一处是位于村落内部街巷尽端,也是空间转换的节点;另一处是老村的
中心院落空间,两条流线中整合度最低点均位于乡村的内部。两条路径在
乡村空间内外转换中都产生了拐点,整合度呈现出了高—低—高的趋势,
即从老村外部空间到内部空间,整合度值逐渐降低,再到外部空间,整合度
值升高。

(3)主流线可达性低于次流线

何家冲村空间意象中主流线的可达性数值明显低于次要流线。何家
冲老村内部主要有以厅堂空间和廊前空间两种类型作为百姓日常活动的
空间联系,百姓经常把昏暗狭窄的廊前空间作为次要流线来使用,对应轴
线 14、64,整合度数值分别为 0.77、0.71;厅堂空间因宽敞、承载百姓日常
生活而作为主要使用流线,对应轴线 10、9,整合度为 0.65、0.64。何家冲
老村内部以厅堂空间为主要流线的可达性反而更低,这与空间意象的结果
并不一致。在防御思维主导下,由于空间转换层次多,厅堂空间数据模型
测算的可达性反而不高。空间意象与模型测算的偏差给了我们很多的思
考,如何家冲村从村口通向田地的外部流线,百姓集体记忆强,社会性活动
发生率高,但在空间句法分析中,同样出现了由于地处边缘且轴线单一其
整合度相对较低。

3.运用空间句法凸空间分析乡村空间

运用空间句法凸空间模型构建何家冲聚合空间的秩序差异,分析乡村
内部空间组合单元之间的秩序等级。凸空间是将复杂空间划分成若干独

立空间单元,空间单元范围内任意两点之间无视域遮挡。用 Depthmap 软件将独立划分的空间单元转译成凸空间数据模型,通过计算空间相互之间的拓扑连接关系,探寻乡村内部聚合空间的秩序高低差异。

　　豫南乡村宗族观念强,空间内部尊卑等级清晰。如何家冲村从边缘空间一直到村中心,内外秩序、内部层级差异显著。把何家冲老村内外部空间作为一个体系构建凸空间模型,流动单元为村口、宅院入口、街巷、院落、廊前;固定单元为厅堂、辅助空间(东西厢房等)进行凸空间的分析(图4-10),分析结论如下:

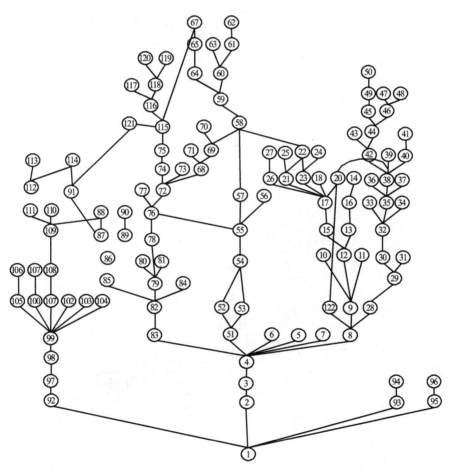

(a)何家冲村拓扑关系图(一)

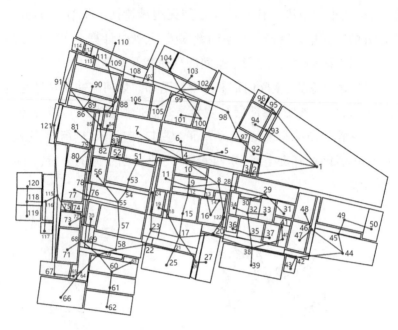

（b）何家冲村拓扑关系图（二）

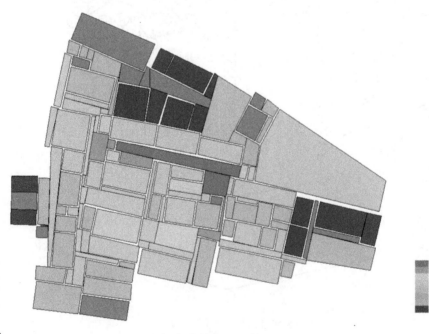

何家冲村
全局整合度

（c）何家冲村全局整合度（$R=n$）

高

低

空间单元 3

		入口	厅堂		院落	通廊	东厢房	西厢房	东厢房
入口 (8)	厅堂 (29)	厅堂 (32)	厅堂 (39)	院落 (35)	通廊 (28)	通廊 (30)	东厢房 (31)	西厢房 (36)	东厢房 (37)
		厅堂		院落	通廊			辅助用房	
0.92	0.6	0.69	0.62	0.65	0.67	0.78	0.64	0.6	0.58	0.58

空间单元 2

入口 (8)	厅堂 (15)	厅堂 (25)	院落 (9)	院落 (17)	通廊 (12)	通廊 (21)	通廊 (26)	北厢房 (10)	西厢房 (11)	西厢房 (19)	东厢房 (16)	东厢房 (27)
入口	厅堂		院落		通廊			辅助用房				
0.92	0.6	0.76	0.66	0.8	0.83	0.76	0.77	0.7	0.68	0.68	0.6	0.57	0.6

空间单元 1

入口 (51)	厅堂 (53)	厅堂 (57)	厅堂 (60)	厅堂 (62)	院落 (55)	院落 (58)	院落 (61)	通廊 (54)	通廊 (59)	北厢房 (52)	西厢房 (56)	西厢房 (70)
入口	厅堂				院落			通廊		辅助用房		
0.86	0.79	0.74	0.63	0.49	0.76	0.76	0.55	0.75	0.73	0.72	0.66	0.6

整合度

（纵轴刻度：0、0.1、0.2、0.3、0.4、0.5、0.6、0.7、0.8、0.9、1）

（d）空间单元划分和整合度统计

图4-10　何家冲村凸空间分析

（资料来源：笔者整理）

（1）乡村整体聚合性强，流动单元高于固定单元

凸空间模型测算何家冲村全局整合度平均值为0.64，最高值为0.96，乡村表现出较强的内向聚合性。聚合的中心是老村入口内狭长的街巷空间，这表明相对宽敞且易于到达的入口街巷空间是居民内部日常生活的主要交流聚合空间。乡村全局凸空间整合度综合表现为流动单元高于固定单元；在流动单元中，模型测算整合度值由高到低依次为宅院入口、街巷、院落、廊前；在固定单元中，厅堂高于厢房。

（2）聚合度由入口向内减弱，秩序等级降低

何家冲村内部街巷聚合性强，但从街巷朝向厅堂方向深入聚合度却在不断地减弱。在凸空间模型测算中，划分三个层层递进的空间单元进行对比分析，越靠近组团入口凸空间整合度越高，厅堂空间开放强，整合度数值与院落空间接近，这些宅院单元往往是长辈尊者来居住。随着空间层次的深入，厅堂空间聚合度不断降低。这充分说明了乡村内部空间生活下的融合性以及防御下的递进性。与其他地区的四合院厅堂和院落通常作为自家使用的私密空间不同，在豫南乡村内部空间，厅堂不但承担着居住功能，还和院落空间一样作为主要的聚合交流空间而存在，甚至厅堂空间公共功能大于居住功能，厅堂凸空间整合度数值接近院落空间。尤其在生活状态下，厅堂和院落空间更加开放，百姓在内部可以随意穿行，形成了其乐融融的家族聚居环境，这也形成了豫南乡村非常典型的空间特色。

（3）乡村内部点状公共空间整合度高

在空间意象调查中，何家冲村空间阀门转换处如宅院入口社会性交往活动发生率高，是百姓经常聚集的空间场所。通过凸空间模型测算，乡村内部宅院入口与街巷重合的公共空间整合度是最高的，整合度值为0.96，是除了村口广场的第二大公共空间，也是乡村内部唯一的公共空间，这里联系着乡村内部的主要出口、入口和宅院的入口等一系列的空间转换阀门，何家冲村许多家族式的决策会议也经常在这里展开。同时，运用空间线段密度进行测算，同样这里是乡村内部的中心所在(图4-11)。

图 4-11
电子图

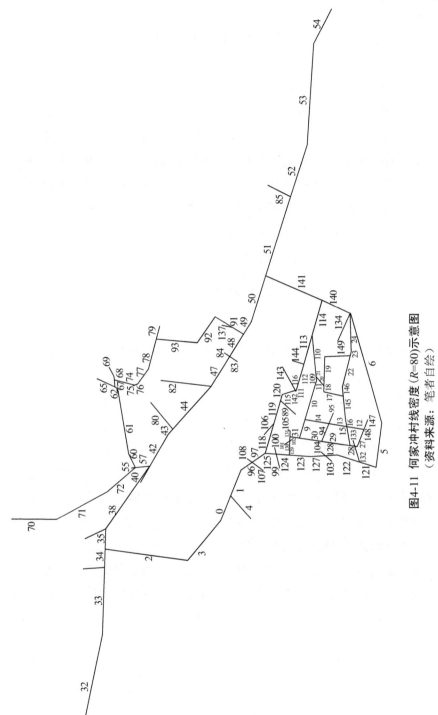

图4-11　何家冲村线密度（R=80）示意图

（资料来源：笔者自绘）

4.结论

空间意象结合空间句法的分析为个体乡村空间形态基础的研究提供了一种有效的方法。

这个篇章运用空间句法中的轴线图和凸空间的分析方法建立数据模型,针对乡村规模小且内部空间社会属性强的特点,仅靠某种单一的方法难以全面透彻地理解乡村的空间形态,往往需要多种方法相互验证和修正才能得出相对准确结果。通过何家冲村的案例来看,在乡村空间意象的基础上融入空间句法量化模型分析,两者分析结果大致相同却又有细微差别,沿着两者的不同进行深入剖析是对乡村空间意象定性分析有益的补充与修正,能够更加准确地判断乡村空间的特征及背后原因。建立量化分析下的乡村空间意象分析方法,可以提供更加科学、准确的研究成果。

4.1.2　空间句法动态分析乡村空间结构变化

这里主要探讨在乡村规划的实践过程中,基于空间句法建立乡村动态的量化研究模型,通过对村落更新前后的空间整合度、可理解度及街网线密度等方面进行对比分析,归纳出乡村空间可达性、空间结构、村落中心等方面的变化规律,为量化分析介入乡村保护与发展规划、局部更新对乡村整体空间结构的影响、乡村更新实践选点等方面提供理论与实践依据。

近些年在裴城村进行了一系列的工程实践,开展了一些实际的工程项目,这些在乡村中呈线状或者点状的个案,对乡村整体的空间结构会产生什么样的影响?这些新融入乡村的建设项目对乡村实际的运行能够产生什么样的变化?利用空间句法建立乡村的空间模型,能够在一定程度上模拟出乡村的空间组织的细微变化,为下一步的乡村实践工作做出指引。运用空间句法的量化分析方法来探讨格局重塑阶段裴城村老洄河沿线的整治以及核心街坊的改造前后,村落整体空间结构产生的细微变化,以及村落中心位置是否产生变化(图4-12、图4-13)。

图 4-12　核心街坊改造实景

（资料来源：笔者自摄）

老洞河整
治范围和
核心街坊
改造范围

图 4-13　老洞河沿线整治实景

（资料来源：笔者自摄）

1.裴城村更新前后整体空间结构的变化

（1）全局整合度有所提升

通过比较分析裴城村更新前后的结果,裴城村的全局以及局部整合度有着不同程度的提升,十字轴空间格局得到了强化,南北大街沿线整合度普遍得到提升。十字街中心作为乡村空间结构可达性最好,附近空间节点的联系程度最紧密的空间节点得到了进一步的加强。十字街全局整合度(R_n)从 1.753 提高到了 1.845,这里不但是裴城村的地理中心,也是百姓最熟知的空间。从局部整合度(R_3)来看,十字街的 R_3 数值虽然由 3.344 下降到了 3.270,但依旧是数值最高的,也意味着十字街中心空间与其他空间的联系最紧密;其数值降低的原因在于十字街附近的轴线增密增多,即在拓扑步数值取 3 时,其辐射全局的影响变小,因此局部整合度(R_3)数值降低。同时,南大街、北大街以及西大街沿线局部整合度都有不同程度的提升,反映出核心街坊的更新以及老洞河的整治对裴城村的南北大街以西的空间结构的强化有着显著的推动作用。受到距离的影响,变化幅度最小的是东大街,全局整合度(R_n)变化较小,仅仅从 1.146 提高到了 1.169。

（2）沿线性空间可达性增强

比较更新前后,村中线性空间的整合度数值变化大,可达性增强。沿着东西大街、南北大街、老涧河沿线等轴线的可达性都有不同程度的提升。

老涧河沿线的西侧空间的可达性也显著增加,老涧河的沿线整治工作增强了河岸沿线以及河岸之间的联系,局部整合度的增幅最大前两名分别为北大坑西和北大坑南,增幅分别为 0.553 和 0.472。老涧河整治与核心街坊更新均位于乡村的中心西侧,在句法数据中,可以看到西大街的整合度明显得到了提升。西大街作为重要的历史空间载体,缝合作用变强,在乡村更新改造中,增加了北大坑与核心街坊之间的功能上的呼应和巷道联系,西大街垂直方向上街巷整合度明显提升;其次,西大街沿线上重要节点的整合度也有所提升,如西大街中心全局整合度从 1.378 提高到了 1.461,石拱桥处全局整合度从 1.522 提高到了 1.602,局部整合度 R_3 也有不同程度的提升(图 4-14)。

裴城村更新前后整合度

（a）裴城村更新前整合度

500 m

（b）裴城村更新后整合度

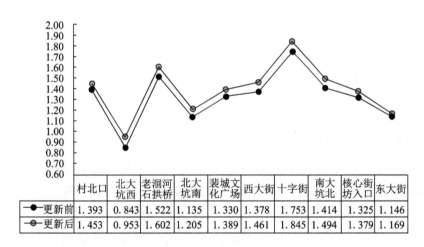

	村北口	北大坑西	老洄河石拱桥	北大坑南	裴城文化广场	西大街	十字街	南大坑北	核心街坊入口	东大街
更新前	1.393	0.843	1.522	1.135	1.330	1.378	1.753	1.414	1.325	1.146
更新后	1.453	0.953	1.602	1.205	1.389	1.461	1.845	1.494	1.379	1.169

（c）十个关键选点整合度比较分析（一）

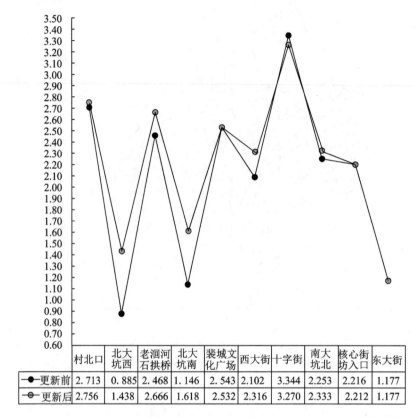

	村北口	北大坑西	老涧河石拱桥	北大坑南	裴城文化广场	西大街	十字街	南大坑北	核心街坊入口	东大街
●更新前	2.713	0.885	2.468	1.146	2.543	2.102	3.344	2.253	2.216	1.177
○更新后	2.756	1.438	2.666	1.618	2.532	2.316	3.270	2.333	2.212	1.177

(d)十个关键选点整合度比较分析(二)

图4-14　裴城村十个关键选点整合度比较分析

(资料来源:笔者自绘)

(3)整合度由中心向外递减

整合度由中心十字街沿着四个轴向方向都有所衰减。无论是乡村改造前还是改造后,裴城村外围的整合度变化相差不大,都处在一个偏低的水平线上。但沿着东西大街方向上,村落整合度由中心向边缘的衰减得非常明显(图4-15)。尤其是裴城村的东南角,这里远离村落的中心,是发展的空白点,而这个区域的苏进将军故居,未来可以作为带动片区活力的一个激发点。而村落的南北方向上,北侧有过境省道穿过,也是村落主要的交通出入口,以至于村中心向北整合度的减量并不明显。

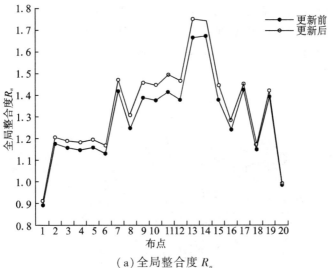

（a）全局整合度 R_n

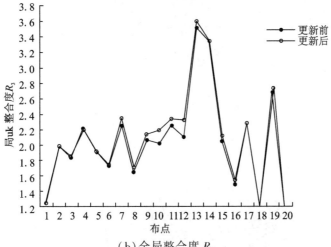

（b）全局整合度 R_3

图 4-15　东西大街轴线整合度变化（由西向东）

（资料来源：笔者自绘）

注：横轴点方向 1~20 为由西向东布设点。

2.裴城村更新前后中心的变化

街网线密度是建立在线段模型的基础上的,能够推导出乡村中街网密度最高的地段,街网线密度越高,空间的聚集性就越强,有助于判断乡村中心的变迁,同时也能够探究乡村空间结构中的关键节点的变化情况。

以裴城村中各自线段作为中心,选择半径 $R = 564$ m 内,得到面积为

1 km² 的圆面积所包含全部线段的总长度,将所有包含线段的总长度赋值各个线段,即得到街网线密度,同时,还选择了十个节点为关键点计算街网线密度,比较各个点的增减变化情况(图 4-16)。

(a)裴城村更新前 R=564 m 的街网线密度

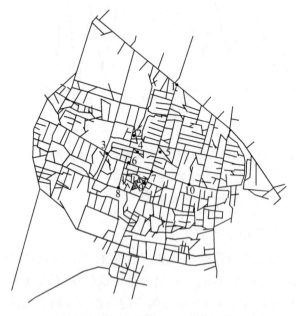

(b)裴城村更新后 R=564 m 的街网线密度

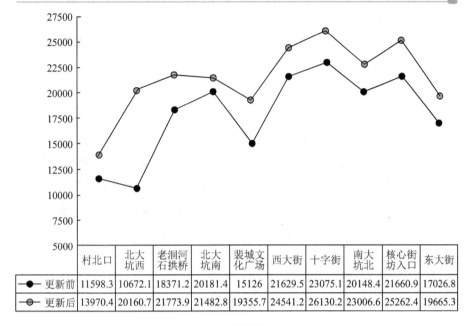

	村北口	北大坑西	老涧河石拱桥	北大坑南	裴城文化广场	西大街	十字街	南大坑北	核心街坊入口	东大街
更新前	11598.3	10672.1	18371.2	20181.4	15126	21629.5	23075.1	20148.4	21660.9	17026.8
更新后	13970.4	20160.7	21773.9	21482.8	19355.7	24541.2	26130.2	23006.6	25262.4	19665.3

（c）分析图

图 4-16　裴城村街网线密度分析图示

（资料来源：笔者自绘）

（1）乡村中心向西偏移

更新后的裴城村中心有从十字街向西偏移的趋势。更新前较暖的区域主要集中出现在十字街以及核心街坊的周边,街网线密度最高的节点在十字街,达到了19 500.2 m/km²,这与空间意象调查的结论一致,十字街不但是乡村的物理中心也是乡村百姓集体记忆的中心[1],是裴城村百姓交流的主要空间场所,也是信息传达的重要空间。在乡村更新后,街网线密度的数值都有着不同程度的提升,十字街街网线密度达到了22 499.5 m/km²,以十字街为中心辐射范围更大。同时,街网线密度数值达到 20 000 以上的主要集中在西大街、北大坑以及核心街坊附近,乡村空间中心由十字街向西发生了偏移。形成这一结果的原因是由于老涧河整治、核心街坊新交通的梳理及功能植入,在西大街上形成了一系列的功能节点,一定程度上拉动了村落中心向西的偏移。

---

① 在编写过程中,笔者对裴城百姓发放了约 1000 份调查问卷,有 68.4% 的百姓认为村十字街是乡村中最熟知的空间,50.4% 的百姓首选了喜欢在乡村十字街这里聊天。

（2）单中心向多中心转变

更新后的裴城村呈现出了一主中心多次中心的格局。街网线密度增幅最明显的位置是北大坑西，更新后增加了 9 488.6 m/km²，北大坑沿线街网线密度的程度加深，中心感显著提升。其次为核心街坊入口处、裴城文化广场，增幅分别为 3 601.5 m/km²、3 402.7 m/km²，这三个点的街网线密度的绝对值都在 20 000 以上，乡村次一级中心的形成初具规模。从全局来看，裴城村的空间结构由局部侧重转变为全局的协调，乡村主次中心的整体辐射效果加强，各主次空间之间的分布更加合理。裴城村的建设用地范围规模大，更新前单一中心的空间造成了乡村要素分布过于集中，主次空间的形成打破了原有单一中心的格局，有利于乡村次一级的服务核心、乡村公共中心的建立。

3.结论

空间句法的量化模型分析为乡村空间形态演变研究提供了一种有效的方法。

乡村的保护与发展是一个动态过程，会面临纷繁芜杂的过程与步骤。在这个过程中，我们如果只把目光聚焦于历史建筑、传统街巷、历史环境要素等物质性的遗产，反而忽略了乡村空间形成的社会逻辑。在综合平衡百姓生活、历史载体以及新植入功能等多方面的因素影响下，把量化分析与模拟融入乡村保护与发展的过程中能够最大程度地保护乡村的空间结构和物质载体，也能让我们洞察到乡村空间细微的变化。如在乡村保护规划的阶段，以量化分析结合空间意象调查，剖析乡村空间结构、物质环境等状况，划分乡村核心保护范围，最大化地保护乡村的物质环境和社会结构。

乡村局部更新如街坊改造、院落整治、河道整治等会给乡村整体空间结构带来一系列的变化和影响，运用空间句法等量化手段模拟或者验证局部更新对乡村整体空间带来的细微变化，为乡村更新前后决策提供判断依据，让乡村更新实施方案具有可行性。如裴城村，从空间的整合度、可理解度、街网线密度来看，乡村局部更新后的指标数值都有明显的提升，但局部的更新造成了乡村中心的偏移，是否会破坏乡村空间结构，以及次中心的形成是否会削弱乡村十字街的中心感，这些问题都需要进一步的研究。

大量资金涌向乡村,资金用在哪里,乡村更新实践的选点工作变得异常重要。把量化分析引入到乡村更新实践的选点工作中,结合百姓访谈,可以更加广泛地洞察乡村空间结构的社会载体作用,以针灸点穴式的方式选择乡村的更新点,全面地复兴乡村的社会格局。乡村本身就是一个复杂的综合体,如果只把资金投向乡村中建筑遗产丰富的空心地带,意图借助旧建筑的复兴达到乡村的振兴,恰恰忽略了乡村是以百姓为主体的社会综合体。

4.2　ArcGIS 分析与运用

随着国土空间规划兴起,ArcGIS 软件越来越多地应用于各个领域,逐步取代了常用的一些绘图软件,其中 ArcGIS 软件的分析功能也广泛应用于乡村的宏观、中观分析,如平均最邻近指数、核密度分析、全局自相关分析、局部空间自相关分析方法、全局性空间聚类校验、空间“热点”等——旨在分析乡村聚落的空间格局及变化特征,对乡村的分布规律、用地分配、多因子权重因素分析等方面都有着非常广泛的用途,同时也可以基于此进行深入挖掘,进行软件的二次开发工作。

下面的文字以伊洛河流域为例说明 ArcGIS 在乡村研究中的运用。伊洛河流域地处中原地区的西部,大部分位于河南省,其余一部分位于山西省,处于我国第二阶梯向第三阶梯的过渡地带,属于黄土高原边缘地带和山地平原交接地带,是我国生态环境过渡的一个重要代表地带,研究豫西伊洛河流域对乡村聚落演变及重构意义重大。伊洛河流域位于黄河中游南部,东经 109°17′ ~ 113°10′、北纬 33°39′ ~ 34°54′,是黄河一级支流。该区覆盖了洛宁县全境,还包含陕西省洛南县、河南省三门峡卢氏县、洛阳宜阳、偃师等地。伊洛河全长 446.9 km,流域面积 18 881 km²,主要由洛河和伊河组成,是一个典型双子河。本书选取了该流域入选国家级和省级传统村落名录的 70 个乡村为研究对象,来探讨ArcGIS 如何来运用到整个基础分析过程之中。

4.2.1　基础分析

运用 ArcGIS 能够进行基础性的分析,对该区域的海拔高程、地形起伏度、坡度、坡向等地形地貌进行分析,形成一些可视化的图纸,在此基础上可对乡村进行分析。从不同的因素探讨地形对村落选址的影响,能够进一步识别村落空间布局的特点。

自然地理环境为传统聚落的形成和保护提供了重要支撑。伊洛河流域的地势西南高、东北低,河源处海拔 1 748.4 km,而河口处的海拔只有 101.4 m。流域内丘陵起伏,地貌类型多种多样。地形地貌作为影响传统聚落的一个重要自然因素,能够通过不同的方式对聚落形式、规模及其文化等产生影响。地形地貌对乡村的选址,乡村空间布局等都会产生影响。

1. 海拔高程和剖面

使用 ArcGIS 对伊洛河流域 DEM 数据进行高程分析,使用 3D Analyst 工具箱沿垂直伊洛河方向可求得地形地貌的剖面图,东部剖面图最能呈现流域特点,整体呈现明显的阶梯式变化,表现出两级陡坎的形式。流域从西到东地势逐渐趋于平缓,区域之间的差距也逐渐拉大。流域内海拔最高处位于中部嵩山地区与西部陕西山区,伊洛河流域内传统村落样本主要分布呈现出两个集中的地区:①伊洛河流域东部的平原地区,这个地区地势平坦,村庄临水临路发展,村庄的规模较大。②伊洛河流域中部的丘陵山地区,主要有三门峡卢氏县和洛阳市栾川县,村与村之间的关系也更为密切。从数据可以明显地看出,伊洛河传统村落样本主要分布在海拔 200~800 m 的区域,占比高达 80% 以上,通过高程分析和数据统计,能够发现历史上的传统乡村的高程分布规律,也能判断出乡村对地形地貌的依赖程度(图 4-17、图 4-18)。

海拔高程图

图例
● 传统乡村聚落
▢ 伊洛河流域范围
伊洛河海拔高程
■ 高:2636
■ 低:92

(a)海拔高程图

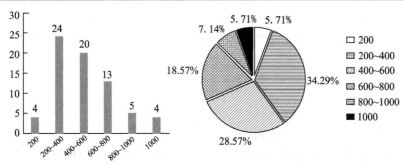

（b）不同海拔下村庄的数量　　　　（c）不同海拔下村庄占比

图 4-17　地形分析——海拔高程

（资料来源：作者自绘）

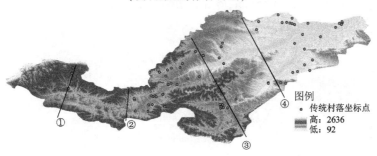

（a）传统村落坐标点

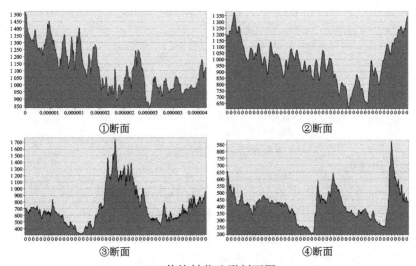

（b）传统村落地形剖面图

图 4-18　传统村落坐标点及地形剖面图

（资料来源：作者自绘）

2.地形起伏度

地形起伏度也称地势起伏度、相对地势或相对高度,是单位面积内最高点与最低点的高差,反映宏观地表起伏特征,是定量描述地貌特征、划分地貌类型的重要指标。加入地形起伏度的指标,可避免仅考虑相对高度影响的局限。地形起伏度通过计算特定区域内最高点与最低点高程的差值得到,是描述一个区域地形特征的宏观性指标。选择构建流域内 0.4 km² 的统计单元,最终得到伊洛河流域地形起伏度的指标数值。流域内山脉特征明显,沿嵩山形成区域内地形起伏度最高点,乡村样本点地形起伏度最高值位于三门峡卢氏县大桑沟村,地形起伏度为 423,最低值位于洛阳市洛龙区李楼镇楼村,地形起伏度为 10,相差 413 m(图 4-19)。

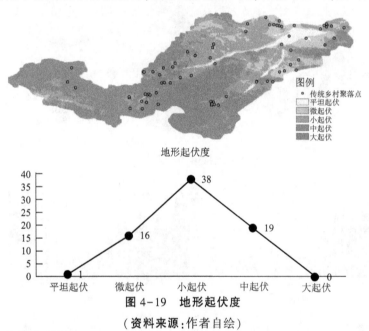

图 4-19　地形起伏度

(资料来源:作者自绘)

图 4-19
电子图

3.坡度和坡向

在 GIS 中可使用 DEM 数据对区域进行坡度坡向分析,从传统聚落与伊洛河流域的坡度图中,乡村样本主要分布在坡度小于 10° 以下的区域,通过前文的剖析,在三门峡卢氏县、洛阳市栾川县,虽然地形较为复杂,但是乡村样本依然趋向于地区内较为平坦的地段。决定耕地多寡最直接的就是地形地貌状况,坡度是决定可开垦耕地面积的最大因素。通过坡度数据,我们就可以做出初步的判断,样本区域追求耕地的面积对区域乡村百姓来说是最大的生活需求。坡度对村落的影响主要体现在乡村建设以及农田利用的便捷性上,地形越陡峭,越不利于村庄的形成和发展,村内居民赖以生存的农田也难以有效开发利用(图4-20)。

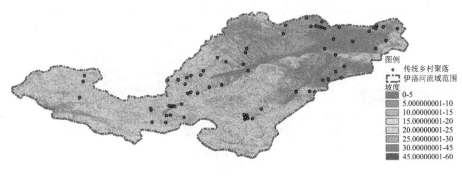

（a）不同坡度下村庄的数量

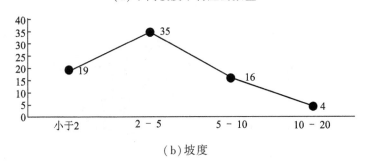

（b）坡度

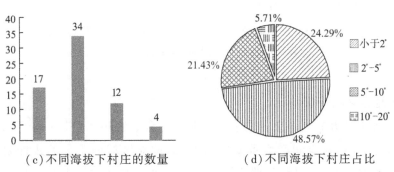

坡度

（c）不同海拔下村庄的数量　　（d）不同海拔下村庄占比

图4-20　地形分析——坡度

(资料来源:笔者自绘)

从坡向分析图数据图中,乡村的布局向阳避阴是一个主要的特征,大多数乡村选址分布在南坡,更利于朝阳。处于丘陵地区的传统聚落,选址方位多为东南、南、西南这三个方位,也是考虑太阳日照对乡村的影响。综合而言,处在南向坡的村庄数量较多,日照对村庄选址布局存在一定的影响。在我们做后续分析的时候,可以从总结乡村向阳布局特征上着手出发,总结共性规律,不能忽略的是,那些没有朝阳分布的乡村选址的主导性的因素是什么,为什么没有向阳选址,这些都是在后续分析乡村个案的时候值得我们思考的方面(图4-21)。

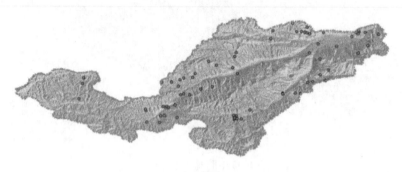

(a)坡向

坡向

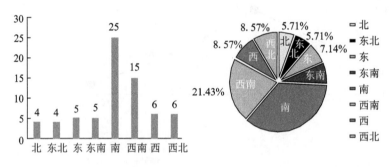

(b)不同坡向下村庄的数量 (c)不同坡向下村庄占比

图4-21 地形分析——坡向

(资料来源:笔者自绘)

4.线性要素的分析

由于该区域历史上显著地位,一些线性要素如官道、水陆交通等都会对乡村选址、乡村空间产生重要的影响,因此对区域内重要的线性要素进行GIS的缓冲区分析,设置不同距离下缓冲区与乡村样本进行叠加分析,可以初步判断乡村选址与线性要素如河流、官道等之间的关系(图4-22、表4-2)。

(1)从宏观范围上看,样本乡村主要分布与古道、河流关系密切,传统乡村分布在古道的周边,且陆路与水路交叉的地区多为乡村样本分布的密集区域。

（2）从中、微观范围上看,有 23 个乡村样本在古道 3000 m 范围内,而剩余的 43 个乡村样本都在距离古道 3000 m 以上。因此,我们可以做出初步的判断,弱小灵活的乡村,出于防御等因素的考虑,并不会选址在距离线性陆地交通很近的位置上。

图 4-22
电子图

图 4-22 乡村聚落与古道距离

表 4-2 各距离村落数量与占比

与官道距离/m	村落数量	数量占比/%
0～500	5	7.14
500～1000	5	7.14
1000～1500	2	2.86
1500～2000	5	7.14
2000～2500	4	5.71
2500～3000	2	2.86
3000 以上	47	67.14

4.2.2 乡村区域特征分析

以伊洛河地区的传统乡村聚落为对象,来说明 ArcGIS 在宏观层面如何对区域乡村分布规律做出判断。同样以上个章节所选取的 70 个传统乡村聚落为样本进行分析,伊洛河流域 DEM 数据(分辨率:30 m×30 m)由地理空间数据云平台下载,流域中水系由 DEM 提取。

1.核密度分析

核密度分析(kernel density estimation,KDE)用于计算要素在整个区域的聚集程度,重点反映要素与要素之间的相互影响程度,能够直观地反映乡村样本在伊洛河流域的具体集聚区和集聚程度,是可视化呈现乡村样本空间分布规划的有效手段。计算公式如下：

$$F(x) = \frac{1}{nh}\sum_{i=1}^{n} k\left(\frac{x - X_i}{h}\right) \qquad (4-1)$$

式中：$F(x)$ 为估值点 x 处的核密度估计值；k 为核函数；$x - X_i$ 为估值点到 X_i 的距离；h 为带宽；n 为带宽范围内点的数目。

在 ArcGIS 平台下分析得出的密度图显示，流域内 70 个乡村样本呈现出了"大集聚-小分散"的地理空间分布格局，流域内形成三个高密度区，其他乡村聚落在密集区外散落分布，村落密度最高的区域是三门峡卢氏县，其次是洛阳市栾川县，均处于流域的中上游地区，第三个密集区位于伊洛河与黄河交汇处的洛阳市孟津区。中上游地区山体趋于平缓，不构成水患，水系支流充足，更易支撑村落发展。如果与当下的经济数值、发展水平来比较发现，现留存的传统乡村聚落多处于经济实力弱、对外交通发展较为滞后的地区，这些地区为传统乡村聚落的保存提供了良好的屏障条件(图 4-23)。

分析结果：伊洛河地区乡村样本形成了三大密集区，呈现出了大集聚、小分散的格局。

图 4-23
电子图

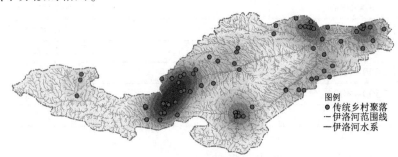

图例
● 传统乡村聚落
— 伊洛河范围线
— 伊洛河水系

图 4-23　核密度分析

(资料来源：笔者自绘)

2.缓冲区分析

缓冲区(buffer)分析是统计学方法中最基本的空间分析方法之一，是解决空间邻近问题并揭示地理要素影响范围和影响机制的空间操作工具，基本原理是基于特定的点、线、面等地图要素，以其为中心在周围建立一定数量和宽度的缓冲带，使得矢量要素在二维空间上得以扩展，结合目标要素叠加分析以揭示不同地理要素之间的作用机制。利用 ArcGIS 软件中的缓冲区分析工具，以水系为参考对象，形成不同距离下的河流缓冲区多边形实体。此外对水系进行分级,反映出传统乡村聚落与水系之间的空间关系。

(1)临水而居,近水型聚落占主导地位

从村落和河流水系的距离可以得到,村落分布与离水距离整体上呈现出递减的趋势,离水越远,传统乡村聚落的数量越少。70 个乡村样本中,只有 9 个村落距河流距离超过 1 000 m。有 39 个村落分布在距河流 200 m 范围内,占总村落数量的近 60%。经过这样的统计,就能给下一步的研究做出一个重要提示,近水型村落将代表区域典型地域特征和乡村空间布局(图 4-24)。

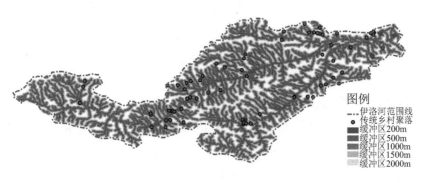

图例

- - - - 伊洛河范围线
 · 传统乡村聚落
▨ 缓冲区200m
▨ 缓冲区500m
▨ 缓冲区1000m
▨ 缓冲区1500m
▨ 缓冲区2000m

图 4-24、
图 4-25
电子图

(a)缓冲区分析

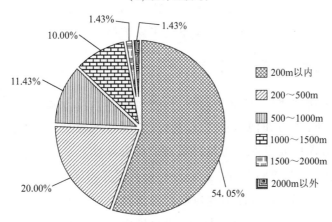

1.43%
10.00%
1.43%
11.43%
20.00%
54.05%

▨ 200m以内

▨ 200~500m

▨ 500~1000m

▨ 1000~1500m

▨ 1500~2000m

▨ 2000m以外

(b)不同距离内聚落占比

图 4-24 缓冲区分析及聚落占比
(资料来源:作者自绘)

（2）水系等级-择支流而居的特点

通过对水系的分级制图可发现,传统乡村聚落的位置具有明显的"支流集中"的特点,多分布在流域的支流附近,距伊洛河主脉较远(图4-25)。

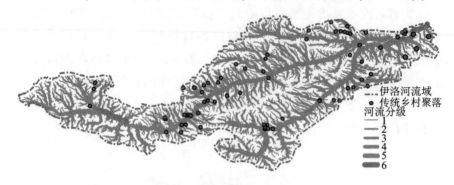

图4-25　河流分级与乡村分布

（**资料来源**:笔者自绘）

（3）样本乡村多选址于支流与伊洛河主脉的交叉口附近

河流主脉与支流的交叉口的位置,多是易于乡村生长的位置。将视角从宏观转移到中观层面,不难发现支流与主脉交叉口附近往往存在土地肥沃、运输便捷、水灾隐患小等种种优势。经过这样的分析,可以从乡村选址、乡村与河流关系、乡村用地规模方面做深入的研究。

分析结果:近水型村落是乡村样本的主要类型。

4.2.3　量化乡村振兴指标,合理分类乡村类型

在国土空间规划的大背景下,乡村作为城镇开发边界之外乡村生产生活的重要载体,乡村如何保持生态本底,如何合理地划定乡村产业用地,如何保持耕地优先发展等等都是重要的研究议题。

2020年中央一号文件提出,新编县乡级国土空间规划应安排不少于10%的建设用地指标,重点保障乡村产业发展用地。省级制定土地利用年度计划时,应安排至少5%新增建设用地指标保障乡村重点产业和项目用地。

在乡镇中微观的层面,运用ArcGIS进行分区、分类和分级的识别与权重因子叠加,建立由"要素识别-要素叠加-类型聚合-类型划分-空间

布局思路"的技术路线(图4-26),使用GIS在空间数据分析上的优势,建立以定量为主、定性为辅的评价体系。横向比较各村域的乡村振兴发展潜力,推进乡村特色化发展及分类发展。

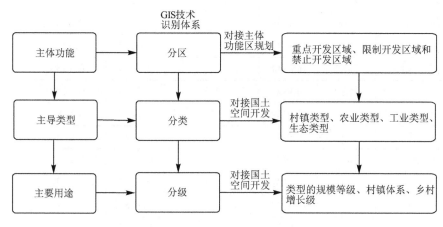

图4-26 工作框架

(资料来源:笔者整理)

以中牟县雁鸣湖镇19个行政村为研究对象,主要涉及土地利用、社会经济、生态环境等方面数据,所有基础地理数据均通过GIS平台下的统一地理矫正,其中土地利用数据由雁鸣湖镇政府提供;其他数据由实地调研获得,包括常住人口与人均收入、乡村企业规模、各乡村文化特色点等。参照已有的研究成果,结合当地的典型特色,建立了社会经济、产业、生态、文化等四个层面的乡村潜力发展评价体系。

1.要素识别——乡村地域多功能单维度分布格局分析

(1)社会经济指标

社会经济指标包括常住人口与人均收入。常住人口代表着一般情况下村内居住人口的数量,能够直接反映村内社会属性的活力;人均收入代表村庄整体发展水平,反映村庄发展情况与经济实力。利用熵权法计算得到常住人口的权重为0.6226,人均收入的权重为0.3738,在此基础上得出雁鸣湖镇社会经济指标(表4-3)。

表4-3　社会经济指标

名称	常住人口	标准化	人均收入/万元	标准化	数据归一化
孙拔庄+朱固	5200	1.0000	1	0.1489	0.6820
东　村	4700	0.8969	0.913	0.1119	0.6036
西　村	4700	0.8969	1.5	0.3617	0.6969
闫　砦	580	0.0474	0.65	0.0000	0.0298
太平庄+司口	3862	0.7241	0.9	0.1064	0.4933
张　庄	1980	0.3361	1.5	0.3617	0.3458
万　庄	1300	0.1959	1	0.1489	0.1784
九　堡	350	0.0000	1	0.1489	0.0558
辛　寨	1800	0.2990	1	0.1489	0.2430
小　朱	500	0.0309	2.5	0.7872	0.3137
岳　庄	700	0.0722	1	0.1489	0.1010
丁　村	900	0.1134	1.6	0.4043	0.2222
杏　街	670	0.0660	1.2	0.2340	0.1289
韩　寨	650	0.0619	1	0.1489	0.0945
小　店	530	0.0371	3	1.0000	0.3972
魏　岗	400	0.0103	1.4	0.3191	0.1259
穆　山	650	0.0619	0.85	0.0851	0.0706
权重	0.6262			0.3738	

资料来源:笔者整理。

因村庄建设用地以外的数据不显示社会经济属性,因此社会经济指标仅通过村庄范围表达,将各村庄的社会经济数据置入 GIS 的分析平台下后,可得到各村的社会经济发展潜力评价结果。

依据 GIS 平台下分析得到社会经济指标,镇域整体社会经济表现出三个突出的高值区域,西村、小朱村以及朱固村,在雁鸣湖镇形成东-中-西三个经济发展中心。镇域社会经济指标得分最高的是西村,总得分0.6969,其常住人口 4 700 人,常住人口总数位于雁鸣湖镇第二,人均收入 1.5 万元,西村紧邻镇区,沿镇区主路有临街经营的小商贩,是村庄收入的主要来源,使得西村在拥有较大人口基数的条件下仍然能够保证较高的人均收入水平。同样处于镇区附近的闫砦村,其社会经济数据得分

却是最低的,仅为 0.0298,较低的常住人口与较低的人均收入水平使得
闫砦村社会经济发展潜力较低。此外,需要注意的是魏岗村和穆山村两个
移民村,其社会经济水平均处于中等水平,在雁鸣湖镇域内整体社会经济
发展优势不足,人口流失现象与人口老龄化现象均比较突出(图 4-27)。

图 4-27
电子图

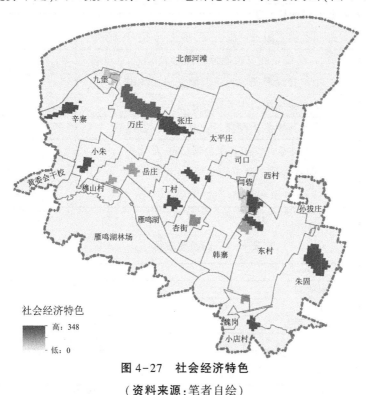

图 4-27　社会经济特色

(资料来源:笔者自绘)

(2)产业发展指标

产业发展指标中包含乡村企业、第二及第三产业比重、乡村合作社以
及养殖业。乡村企业以调研过程中统计数据为准,并根据其规模发展前景
赋予权重(表 4-4)。政府工作报告中二、三产业比重是针对镇区的,因此
仅对镇区的村庄予以赋值,镇区村庄包含闫砦村、西村和东村。其次,对包
含乡村合作社的村庄辛寨、太平庄、东村、朱固村、小店村予以赋值,因乡村
合作社作为村庄自生发展的组织机构,能够带动村庄产业的发展。考虑到
雁鸣湖镇水产养殖的支柱作用,也将各乡村养殖业的情况纳入对镇域产业
发展现状的评价中,其养殖业水平见表 4-5。各项数据均经过标准化处理。

表 4-4　乡村企业数据

名称	乡村企业名称	数量	权重
雁鸣湖镇	河南省鼎元种牛育种有限公司,1 亿元,占地 450 亩; 郑州晟森农业种植有限公司,104.98 亩	2	5
孙拔庄	河南嘿嘿哥饮品有限公司,130 万元,占地 0.11 公顷; 郑州圣纳尔服饰有限公司,70 万,0.67 公顷	2	2
太平庄	蓝龙虾养殖基地,293.6 亩; 中牟县绿源奶牛养殖有限公司,200 亩	2	5
辛　寨	中牟县绿源奶牛养殖有限公司,200 亩	1	1
丁　村	中牟县雁鸣湖大闸蟹专业合作社,87.53 亩	1	4
杏　街	郑州容大食品有限公司,260 万元; 郑州雁鸣湖生物工程有限公司,70 万元; 雁鸣湖酒厂,200 万元	3	5

资料来源:笔者整理。

表 4-5　养殖业数据

村名	数据
朱固村	592.05
孙拔庄	63.00
东　村	1782.45
西　村	1509.15
闫　砦	0.00
司　口	391.20
太平庄	1148.75
张　庄	2833.40
万　庄	706.50
九　堡	631.65
辛　寨	2454.00
小　朱	1131.90
岳　庄	1490.85
丁　村	310.05
杏　街	948.45
韩　寨	540.75
小　店	31.35
魏　岗	29.85
穆　山	174.15

资料来源:笔者整理。

将上述产业二级指标置于 GIS 平台叠加分析,可得到乡村产业发展现状图(图 4-28)。镇区依然承担了雁鸣湖镇产业发展的重点,其余产业一部分零散布局在镇区周围,另一部分选址在重点村,在辛寨村、朱固村两村发展。

图 4-28
电子图

图 4-28　产业发展特色

(**资料来源**:笔者自绘)

(3)生态发展指标

生态发展指标由土地利用数据提取而得,根据其用地性质对其赋予权重,权重最小值为 0,最大值为 5。以下是生态因子各指标的赋值权重与数量(表 4-6)。

表 4-6　生态因子

土地类型	数量	权重
农村居民点/其他建设用地	562	0
水田/旱地	7612	1
滩地	574	3
草地/河渠/水库坑塘	2731	4
林地	786	5

资料来源:笔者整理。

依据生态发展潜力中各指标因子,可得到图 4-29。雁鸣湖镇生态环境最好的区域位于北部黄河河滩与南部雁鸣湖和雁鸣湖林场,中部各村中间也表现出良好的生态环境条件。空间上,九堡村表现出生态发展的显著优势,与其内部水系资源相适应。雁鸣湖镇拥有得天独厚的自然环境条件,镇域南部与北部环境优美,未来均可作为村庄旅游的吸引点。

图 4-29~
图 4-32
电子图

图 4-29 生态发展指标

(资料来源:笔者自绘)

(4)文化发展指标

依据各村统计到的历史文物点和非物质文化遗产,对其赋予权重(表 4-7)。文化特色表现最优的村庄是辛寨村,村内有一处清朝时期的县级文物保护单位——洪果寺,格局保存完整,至今仍是村庄的活力中心。太平庄打硪号子为省级非物质文化遗产,是雁鸣湖镇的文化特色,具有独特的表现形式,在太平庄得到了良好的传承(图 4-30)。

表 4-7　文化因子

村名	历史文物点数量	非物质文化遗产	权重
孙拔庄	百年古柿树		1
东村	老寨墙遗迹		1
西村	一颗百年古树一处古井孔子回车庙典故		3
闫砦	黄河故道		4
太平庄		打硪号子——省级非物质文化遗产	4
辛寨	洪果寺寺内两处古碑		5

资料来源:笔者整理。

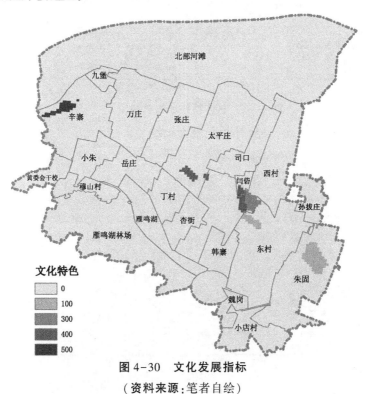

图 4-30　文化发展指标

（资料来源:笔者自绘）

2.要素叠加——乡村地域多功能、多维度分布格局分析

（1）对上文分析得到的四类指标进行加权叠加分析,得到乡村地域多功能分布图。其后对总体特色数据进行重分类,分为三类(图 4-31、图 4-32)。

图4-31　总体特色加权总和

（资料来源：笔者自绘）

图4-32　总体重分类

（资料来源：笔者自绘）

（2）提取四类因素的高值区间,在此进行重分类得到各因子高值区间。对生态的高值区间赋值为1,产业高值区间赋值为2,社会高值区间赋值为3,文化高值区间赋值为4,其余低值区间均赋值为0(图4-33~图4-36)。

图 4-33　社会高值

图 4-33~
图 4-36
电子图

图 4-34　产业高值

99

图 4-35　生态高值

（资料来源：笔者自绘）

图 4-36　文化高值

（资料来源：笔者自绘）

3.类型聚合与类型划分——识别高值区域,划分村庄类型

将重分类后的要素与总体分类结果叠加计算,识别总体高值区间的引领因子。叠加计算公式:

高值区域 = 总体分类 + 生态×10 + 产业×100 + 社会×1 000 + 文化×10 000

这样得到的高值引领区域分布图便能够通过数据反映其典型特色。比如,"21030",便是指总体发展特色中等,该区域生态和社会特色较高。进一步对栅格数据进行分析,剔除占比极小的数据。最终按"资源弱、生态优先、文化优先、产业扶持、产业优先"分类,得到雁鸣湖镇乡村镇域分类的初步结果。

高值区域
及高值引
领区域

4.空间布局——拟定乡镇未来空间布局,宏观引导乡镇发展

将镇域乡村行政范围与初步分类的结果进一步叠加,可识别不同类型在各村的地理分布情况,把握乡村的特色优势。将村庄与典型特色相对应,可得到雁鸣湖镇乡村地域分类的最终结果(表4-8)。考虑村庄外围的其他空间,将雁鸣湖镇整体分为六个区域。其地理空间格局如图4-37 所示。

图 4-37
电子图

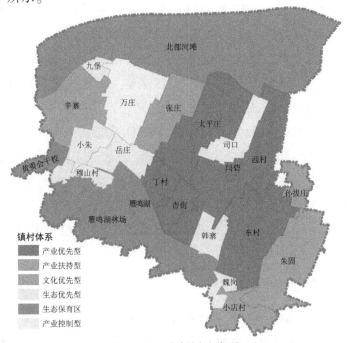

图 4-37　乡村划分类型

(资料来源:笔者自绘)

表4-8　村庄类型

村庄类型	村名	数量
产业优先型	西村、东村、闫砦、杏街、丁村、太平庄	6
产业扶持型	张庄、孙拔庄、朱固、小店	4
产业控制型	万庄、司口	2
文化优先型	辛寨	1
生态优先型	九堡、小朱、岳庄、穆山、韩寨、魏岗	6

资料来源:笔者整理。

5.ArcGIS 综合分析下的乡村空间布局

在 GIS 平台对数据进行综合分析,雁鸣湖空间格局呈现出"一城三核多中心,一带一环多片区"的空间结构。

镇域空间
结构图

"一城三核多中心"指层级分明的雁鸣湖镇生产生活服务中心体系,其中,"一城"指以西村、东村、太平庄、闫砦、丁村以及杏街等村构成的镇区中心片区,这些综合指数高,为雁鸣湖镇的综合服务点,是承担未来经济发展的活力中心。"三核"指镇域综合发展分析下形成了4个重点村——辛寨、小店、孙拔庄、朱固,其整体发展水平略低于镇区中心,以其特定优势带动成为雁鸣湖镇的区域发展点。"多中心":在此基础上,镇域形成了以西村为代表的产业提升中心,以辛寨为中心的文化特色中心以及以小店为中心的产业扶持中心等多个中心。

"一带一环多片区"指雁鸣湖镇整体空间体系结构。"一带":依托贯穿镇域东西向、衔接对外沟通的村镇发展带,通过国道-县道串联三个镇域服务中心。"一环":沿黄河大堤线,雁鸣湖发展带形成的镇域发展环线。"多片区":围绕镇区中心村庄以及外围三个重点村,将雁鸣湖镇整体划分为形成6个片区,指导镇域村落未来产业落地、规模布局。

4.3　分形理论

乡村形态研究主要是指针对乡村整体形态特征的研究,一般多指乡村整体形态特征、乡村边界划定以及乡村中心空间的确定等等方面的研究。研究的方法多种多样,常用的有分形理论以及以分形理论为基础的延伸。

4.3.1　分形理论

分形理论是当今世界十分风靡和活跃的新理论、新学科。分形的概念是美籍数学家曼德布罗特(B.B.Mandelbrot)首先提出的。1967年他在美国权威的《科学》杂志上发表了题为"英国的海岸线有多长?"的著名论文。海岸线作为曲线,其特征是极不规则、极不光滑的,呈现极其蜿蜒复杂的变化。我们不能从形状和结构上区分这部分海岸与那部分海岸有什么本质的不同,这种几乎同样程度的不规则性和复杂性,说明海岸线在形貌上是自相似的,也就是局部形态和整体态的相似。最近四十年以来,分形理论已经广泛应用于数学、物理学、生物学、地貌学、材料学、经济学、管理科学及形态艺术等众多领域,在城乡规划领域已经在城镇体系规模等级研究、城镇体系数量分布研究、城镇体系空间联系度等方面有着广泛的运用,并取得了一定的成果。

近些年来,分形理论也开始应用于乡村聚落的研究之中,运用计盒维数对乡村空间进行计算,信息计数法计算乡村的信息维度以判断乡村空间的发展序列,通过形状率、圆形率、延伸率、聚集度等量化指标分析来总结村落空间形态的特征,探究村落形态的量化特征及空间形态的支撑要素。分形理论常用的分析模型主要有三种。

1.基于面(域)的分维测度(计盒维数)

运用计盒维数来测度图斑的分形特征,步骤如下:取码尺(即边长)为δ的方格网覆盖黑白图斑,部分方格网内部因含有一定的黑色图斑而形成"非空网格",将这些非空网格整体涂成黑色;另一部分方格网则与黑色图斑毫无交集,称为"空白网格"(图4-38)。

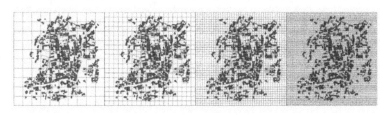

图4-38　计盒维数测度图斑步骤图

(资料来源:王辰晨. 基于分形理论的徽州传统民居空间形态研究
[D].合肥工业大学,2013)

记非空方格数为 $N(\delta)$ ，当不断缩小方格网的边长 δ 时， $N(\delta)$ 必然增多。若存在区间满足公式：

$$N(\delta) \propto -\delta^{-D} \qquad (4-2)$$

则该黑白图斑具备分形特征。根据 $[\ln \delta, \ln N(\delta)]$ 双对数点列绘出线性回归直线，相关系数能通过 F 检验（ $R^2 \geqslant 0.95$ ）的区间即无标度区间，对应回归直线的斜率即公共空间形态计盒维数 D 。不难发现，其计盒维数 $D=2$ 。理论上面域的计盒维数小于等于 2 。计盒维数值越高，说明当不断缩小测度码尺时，析出了更多数量的非空方格，缝隙孔洞等空方格难以被识别，也就意味着黑白图斑更为集聚规整。反之，黑白图斑越为复杂、破碎。该测度方法被形象地称为"计盒维数法"。

2.基于线性的分维测度：边界维数

城市及聚落的形态研究中发现，与岛屿海岸线类似，其形态边界是一段凹凸不平、曲折回复的封闭曲线。学者们运用边界维数来测度和刻画边界的这种复杂程度，通过闭合曲线的周长 P 与其所包围的区域面积 A 来计算分维 D ，称为"周长-面积法"（ P-A 法）（图 4-39）。

$$D = \ln[P(\delta)/\delta]/[\ln C + \ln A^{1/2}/\delta] \qquad (4-3)$$

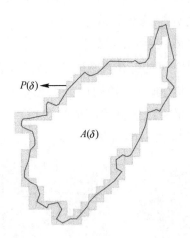

图 4-39 周长、面积法测算动界维数

(**图片来源**:张远.基于分形理论的传统乡村聚落平面形态量化方法研究[D].浙江大学,2019)

3.长度维数

聚落中的交通网络往往被抽象表达为一组不全封闭的枝状分形曲线集。长度维数从网络分布密度的视角刻画了其分形特征,定义如下:一个面积为 S 的区域,若其中的交通网络存在分形特征,则其总长度 l (S) 与区域面积之间存在关系:

$$L(S)^{1/D} \propto S^{1/2} \tag{4-4}$$

当取半径为 r 的圆时

$$L(r) = Cr^{D_L} \tag{4-5}$$

根据 $[\ln r, \ln l(r)]$ 双对数坐标绘出线性回归曲线,若点列呈线性分布或存在无标度区,则交通网络的密度分布是分形的,直线的斜率便是长度维数 D。

因此长度维数反映了交通网络的分布密度从测算中心(一般为交通枢纽)向外围区域变化的特征。值越大,表明密度从中心向周边衰减的程度越缓慢。同时常系数 C 越大,则路网的通达性越好,完善程度越高。

长度维数的测算是基于分形网络的长度除以分枝数与区域半径的幂指数关系,这样的测度方法统称为“回转半径法”。相应地,广义上长度维数属于“半径维数”一类。其中,长度维数体现了交通路网对空间的占比,反映了复杂分形网络由中心向外围衰减的密度变化特征。

4.3.2　分形理论在乡村聚落研究中的运用实证

下面以伊洛河地区乡村聚落为例,运用长宽比和形态指数来说明分形理论在乡村形态研究中的运用。

1.长宽比+形态指数

长宽比即是聚落边界图形的长轴与短轴的比值,表征着聚落边界图形的狭长程度,也表示聚落带状特征的强烈程度。长宽比 λ 能够简单有效地对聚落团状或带状的特征进行区分。形状指数是以紧凑形状(以圆、正方形、长方形或者其他正多边形等)的形状指数来作为参照标准的,用以描述地物图斑相对于非紧凑参照形状的偏离程度,多用于景观斑块分析与土地利用规划中。因其反映对象图形与规则图形之间形状上的偏离程度,形状指数也被称为形状偏离度。本书将其应用于乡村聚落边界形状的划定中。

形状指数最广泛的应用是与结构最简单而紧凑的圆形作为参照,但仅凭以圆为参照的形状指数,无法判定图形的高形状指数是源于其狭长的长宽比还是边界本身的凹凸程度(图4-40)。

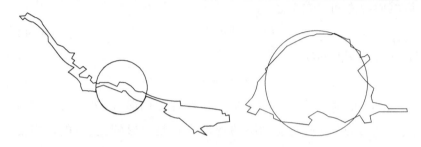

图4-40　不同形状图形与等面积圆形对比

(**资料来源**:笔者自绘)

采用学者修正后的椭圆作为边界紧凑度的参照对象,将参照图形由同面积的正圆修正为同面积同长宽比的椭圆,因椭圆里已经包含了长宽比的信息,这样将图形周长与参照椭圆的周长对比。新的形状指数便主要反映边界的凹凸程度,即星状特征。修正后的 S 形状指数计算式见式(4-6):

$$S = \frac{P}{P_0} = \frac{P}{1.5\lambda - \sqrt{\lambda} + 1.5}\sqrt{\frac{\lambda}{A\pi}} \qquad (4-6)$$

式中:S 为聚落边界形状指数;P_0 为椭圆周长;P 为聚落边界周长;A 为聚落面积;λ 为边界长宽比。

综合应用长宽比 λ 与形状指数 S,可以识别聚落空间形态特征。先通过 S 判断是否为星状聚落,如果不是,则判断其是否为团状、带状或带状倾向团状的聚落。总结特征见表4-9。

表4-9　形状指数

形状指数 S	$\lambda < 1.5$	$1.5 \leqslant \lambda < 2.0$	$\lambda \geqslant 2.0$
$S < 2$	团状聚落	带状倾向团状聚落	带状聚落
$S \geqslant 2$	团状倾向星状聚落	星状聚落	带状倾向星状聚落

资料来源:笔者整理。

可运用形状指数反映不同历史时期村落形态的特点。如潭头镇大王庙村,比较 1970 年与 2020 年的卫星影像图,可以发现早期乡村建设选址在西侧靠近河道一侧,村内主干道与建筑布局表现出与河道态势呼应的形态特征,此时聚落形态表现为带状倾向团状聚落;后随着村庄发展,聚落受到南部镇区和东部道路的影响,聚落向南跨越两条河道、向东紧邻道路发展,整体呈现出团状倾向星状的形态特点(表 4-10)。

表 4-10　大王庙村形态特征演变

1970 年与 2020 年卫星图比较	 (1970 年)	 (2020 年)
指数	$\lambda = 1.6110$ $S = 1.2692$	$\lambda = 1.2689$ $S = 1.1264$
结论	带状倾向团状	团状倾向星状
与河流关系	河流一侧	两河,跨河发展

资料来源:笔者整理。

2.近水型聚落空间形态特征

村落的空间形态指的是空间的形状和形式表现,及其对蕴含其中的形态意义和精神观念,是村落内在结构和外在规模的综合表现。结合上文的形状指数和长宽比的算式,可将聚落分为团状、带状、带状倾向团状、团状倾向、带状倾向星状以及星状无明显倾向等六种类型。结合研究区域的自身特点,因存在聚落布局是以几户散落布局的形式,补充"散点状"聚落,共计七种聚落形态类型。由此可得近水型聚落的分类结果。目前分类结果中,带状倾向和星状聚落数量最多,均有 9 个,其次是团状聚落,有 8 个。表4-11为伊洛河流域近水型聚落的形态分类结果。

表 4-11　形态分类结果

类型	数量
带状倾向	9
星状	9
团状	8
团状倾向	6
带状	4
带状倾向团状	2
散点状	1

资料来源:笔者整理。

图 4-41
电子图

将聚落形态分类结果导入 GIS 平台下后,可得不同类型聚落的空间分布结果,如图 4-41 所示。

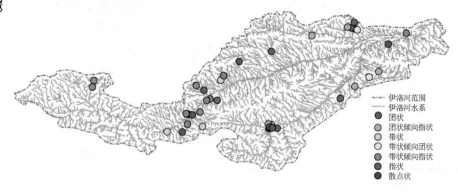

图 4-41　聚落形态类型分布结果

（资料来源:笔者自绘）

选择流域内分布数量最多的带状倾向星状聚落与星状聚落来分析伊洛河流域近水型村落的典型特征。带状倾向星状聚落多数只拥有一条主发展轴与一条次发展轴,满足此种类型的聚落才会出现明显的带状倾向的特点。表 4-12 为带状倾向星状聚落形态指数结果与典型特点。

表 4-12　带状倾向星状聚落典型特点

村落	图示	参数	特点
范里村		$\lambda=2.3400$ $S=2.6316$	跨河发展,新村、老村架桥联系
窑瓦村		$\lambda=3.2701$ $S=2.8758$	线性态势显著,向东侧水库延伸
杨眉河村		$\lambda=2.4606$ $S=3.1703$	布局散乱,靠近两侧河流选址
先峪村		$\lambda=3.0204$ $S=2.1124$	跨河发展,线性延伸
汤泉村		$\lambda=2.5725$ $S=2.1624$	选址干沟壑,村落沿沟壑不同方向延伸
翁观村		$\lambda=2.1258$ $S=2.5678$	布局散乱,靠近河流选址
窑子沟村		$\lambda=2.6437$ $S=2.3482$	紧贴河流,村庄分为两部分
桑坪村		$\lambda=2.8953$ $S=2.6160$	村落沿河流分布,形成明显的两部分
伍仙村		$\lambda=2.2679$ $S=3.0152$	村落沿河流分布,形成明显的两部分

资料来源:笔者整理。

（1）拥有明显的地域特征

集中在三门峡卢氏县。9个带状倾向星状的聚落点中，有7个点分布在伊洛河流域内乡村聚落分布最密集的区域——三门峡卢氏县。

（2）跨河发展，架桥联系

村落跨河特征明显，并且在河流两侧沿河发展，由此形成了河流两侧的发展轴线。如卢氏县范里村（表4-13）位于洛河东侧，洛河支流流经村庄，与历史影像对比，能够发现原聚落形态呈现带状倾向团状的特点，推测其聚落选址——开始靠近洛河，后沿着洛河支流线性延伸，最终表现出带状倾向团状的特征。其现代聚落形态沿支流延伸的特点进一步加强，并且出现沿河两侧同时发展的现象，主轴线位于河流南侧，依托老村形成村庄的主要组团，次轴线位于河流北侧，通过架桥与老村形成联系，主要组团和次要组团发展方向均与穿村而过的河流方向一致，表现出村落依水沿水线性发展的趋势，最终形成带状倾向星状的形态特点。

表4-13　范里村形态特征演变

意向图		
指数	$\lambda = 1.9744, S = 1.7633$	$\lambda = 2.9785, S = 3.0903$
结论	带状倾向团状	带状倾向星状
与河流关系	河流一侧	架桥联系，跨河发展

资料来源：笔者整理。

以量化分析的手段介入对传统乡村聚落的空间格局特的探讨，运用形状指数、长宽比等方法，可深入分析传统乡村聚落的空间格局特征，其中带状倾向的乡村研究结果如下。

4.4 空间句法与 ArcGIS 相结合综合运用:以姓氏宅院剖析乡村空间格局

本节主要是空间句法与 ArcGIS 相结合的一个综合运用,在充分调研乡村历史脉络的前提下,剖析单个或者多个乡村的宅院分布特征,在此基础上对乡村的空间格局和空间的使用进行耦合关联。以漯河市郾城区裴城镇的裴城村展开说明。

姓氏宅院分布特征是乡村以血缘为基础的村落空间秩序表达,宅院本身是社会属性和地域融合的一个综合体,不同的姓氏宅院分布特征是血缘关系以集聚和分异的方式,投射在村落整体空间组织构成中,进一步从中微观角度将裴城村宅院要素抽象为点,导入 ArcGIS 中进行核密度分析并叠加村落内家族姓氏分布图,分析宅院分布与家族血缘之间的关系,进而通过村落中宅院分布集聚与分异情况分析村落整体空间形态。

1.裴城村落整体空间分布特征

裴城村整体地势西南高,东北低,中心位置高,核心片区用地紧张,初始营建以十字街交叉为中心向四个方向扩展。村内现状共计 993 个宅院,主要姓氏有彭、黎、苏等(图 4-42)。通过核密度分析可以看出(见电子图),宅院分布大体呈现出"大分散,小集聚,内部多,四周少"并非均衡分布的地理空间分布格局,形成 1 个高密度区,7 个次高密集区,整体来看具有以下三个分布特征:

裴城村宅院核密度分析图

(1)沿东西大街形成了系列的宅院分布聚集点,东西大街是乡村宅院分布的主要轴线。

(2)老洄河是宅院斑块密集程度的分界线,河西侧宅院密集程度低,河东侧宅院密集程度高。旧时受河流壁垒制约因素,在东西大街与老洄河的交叉口处只有一座响水桥将河两岸连通起来,所以发展到今日在村落西侧宅院分布依旧疏松分散,并且在村落的西南处还有大片湿地也影响了宅院的分布。

裴城村宅院姓氏分布图

(3)河东侧形成了较为明显的环状宅院密集点,原北寨门附近宅院的密集度最高,高于核心街坊区,河西侧宅院分布较为松散,密集程度不高。

裴城村宅院核密度与姓氏结合分析图

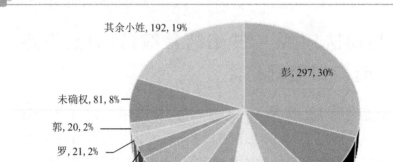

图 4-42 裴城村姓氏数量统计图
（资料来源：笔者自绘）

2.集聚与分异的家族空间

进一步将裴城村的各个姓氏宅院分层分别投射到村落空间面域上，剖析各个姓氏宗族分布规律（图 4-43），并统计了各姓氏宅院核密度的最高值（图 4-44），可以看出，主姓家族多在老洄河东侧集聚分布，未确权、其余小姓家族宅院在密集区外散落分布且多在老洄河西侧发展，并填补主姓与主姓之间的空隙。主姓家族主导着控制着乡村的发展结构，彭氏占据南北，黎、苏占据村落东侧，在较大区域内进行家族式的发展。未确权的宅基地主要集中在省道沿线的非法占地，并且家族组群越大其核密度最值越高，宅院之间的距离越小，宅院分布越聚集。

（1）彭氏宗族分布特征呈连续轴状

虽然彭氏家族不断衰落，但依旧是裴城村现拥有宅院数量最多的家族，共有 297 户，约总户数的 1/3，通过核密度分析，彭氏宗族宅院斑块主要分布规律呈现以下特点：

①彭氏家族宅院分布呈现轴向密集分布规律，主要沿着南北大街分布，呈现出点状密集分布并连片成面。较为集中的点有南北大街的北端北寨门附近区域，南端彭氏祖坟处形成一处密集区。

②彭氏家族宅院绝大部分分布在老洄河的东侧，只有村南部少部分跨过了老洄河，围绕着彭氏祖坟一侧分布。

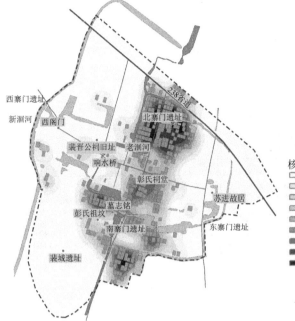

图 4-43
电子图

核密度分析
- □ 0-1.135870646
- □ 1.135870647-3.407611937
- □ 3.407611938-6.092397099
- □ 6.0923971-8.777182261
- ▨ 8.777182262-11.46196742
- ▨ 11.46196743-14.35327452
- ▨ 14.35327453-17.65762549
- ▩ 17.6576255-20.96197646
- ■ 20.96197647-26.33154678

（a）彭氏

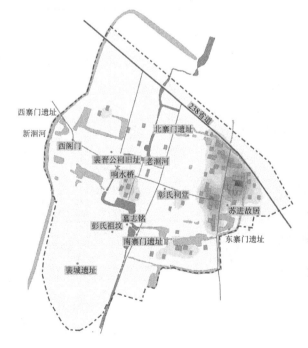

核密度分析
- □ 0-2.634968016
- □ 2.634968017-5.269936032
- □ 5.269936033-7.904904048
- □ 7.904904049-10.53987206
- ▨ 10.53987207-13.17484008
- ▨ 13.17484009-15.8098081
- ▨ 15.80980811-18.44477611
- ▩ 18.44477612-21.07974413
- ■ 21.07974414-23.71471214

（b）黎氏

113

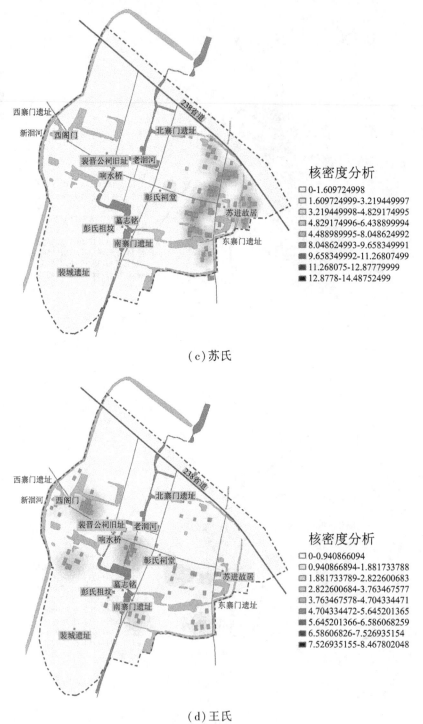

（c）苏氏

（d）王氏

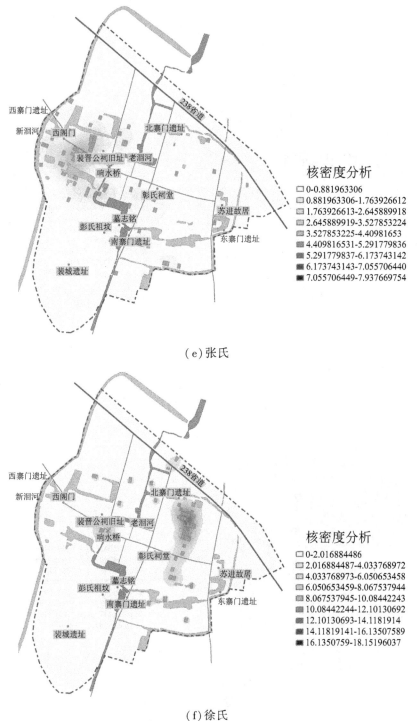

核密度分析

- 0-0.881963306
- 0.881963306-1.763926612
- 1.763926613-2.645889918
- 2.645889919-3.527853224
- 3.527853225-4.40981653
- 4.409816531-5.291779836
- 5.291779837-6.173743142
- 6.173743143-7.055706440
- 7.055706449-7.937669754

(e)张氏

核密度分析

- 0-2.016884486
- 2.016884487-4.033768972
- 4.033768973-6.050653458
- 6.050653459-8.067537944
- 8.067537945-10.08442243
- 10.08442244-12.10130692
- 12.10130693-14.1181914
- 14.11819141-16.13507589
- 16.1350759-18.15196037

(f)徐氏

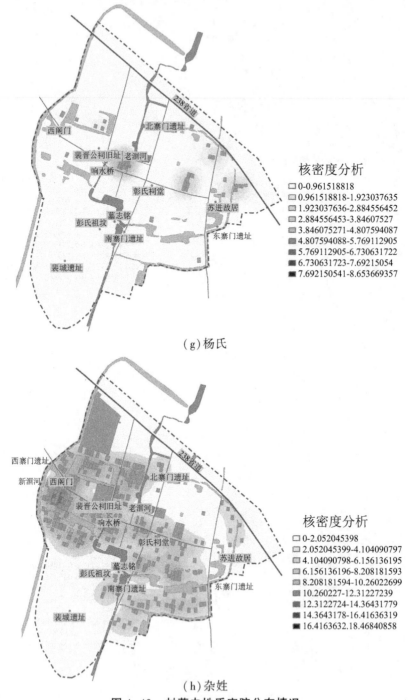

（g）杨氏

核密度分析
□ 0-0.961518818
□ 0.961518818-1.923037635
□ 1.923037636-2.884556452
□ 2.884556453-3.84607527
□ 3.846075271-4.807594087
■ 4.807594088-5.769112905
■ 5.769112905-6.730631722
■ 6.730631723-7.69215054
■ 7.692150541-8.653669357

核密度分析
□ 0-2.052045398
□ 2.052045399-4.104090797
□ 4.104090798-6.156136195
□ 6.156136196-8.208181593
■ 8.208181594-10.26022699
■ 10.260227-12.31227239
■ 12.3122724-14.36431779
■ 14.3643178-16.41636319
■ 16.4163632.18.46840858

（h）杂姓
图4-43　村落内姓氏宅院分布情况
（资料来源：笔者自绘）

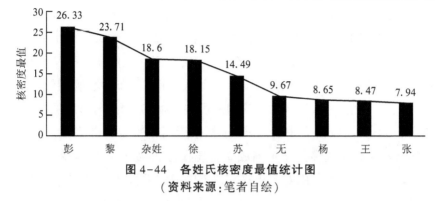

图 4-44 各姓氏核密度最值统计图
（资料来源：笔者自绘）

③绝大部分的彭氏族人都已迁出核心街坊区，新中国成立后核心街坊中的彭氏宅院陆续被杂姓宅院所替代，只有零星的彭氏族人依旧留在核心街坊。

④彭氏家族核密度最值为村落内最值，最高为 26.33，高于其他家族宅院分布核密度最值，在村落北侧形成密集区，最值高说明在强大的宗族血缘控制下，宅院分布距离更近，分布更为集聚。

3.空间活力与宗族宅院分布

空间句法运用熵值(entropy)来表达空间系统获取信息的难易程度，轴线颜色越冷，熵值越低的地方，获取周围空间信息的能力强且成本低，空间活力越高，越易于聚集人流，轴线颜色越暖则反之。熵值测算结果显示裴城村整体呈现出"以水为界，中心冷四周暖"的空间特征。

（1）熵值与村落中重要点的关系

选取村落中较为重要的空间节点，测算其熵值，并与前文村落整体宅院标准差椭圆及核密度分析结果做对比，发现在熵值较低、空间活力较强的节点周边多分布宅院密集点。彭氏祠堂、响水桥、西阁门、裴晋公祠、北寨门遗址、苏进故居这五个节点空间为村落中熵值较低的活力点，发现这些点虽不与高密度点重合但高度相关，在彭氏祠堂右侧有一小集聚点，响水桥东侧为聚集点 C，西阁门南侧为聚集点 H，裴晋公祠西侧为聚集点 E，北寨门遗址东南侧为聚集点 A，苏进故居北侧及西侧为聚集点 B 和 D，整体上村民更愿意靠近但不紧密的贴近活力点。

（2）熵值与宗族宅院的关系

村落空间从中心向四周延展，轴线熵值越来越高，空间活力越来越低,空间内分布的家族等级越来越低。结合前文量化分析发现,彭氏家族不论是建村初期还是现如今都占据熵值最低、轴线颜色最冷的十字街中心区域,在该区域最大程度的获取空间信息,空间活跃度高,商业繁荣,成为村内宗族势力发展最大的姓氏家族。黎氏、苏氏分布区域熵值较高,黎、苏为后迁入村落,两大家族自身实力尚可并结姻亲,选择与彭氏保持一定距离定居,偏离商业活力中心营建,选择依附村落次要街巷发展。王、张、徐、杨其他次姓宗族多是新中国成立后迁入,此时彭氏家族衰落,这些家族掺入村落核心街坊范围对彭氏家族留下的旧宅进行翻修、营建、定居,故王、杨两族有不少宅院处于核心街坊熵值较低区域。杂姓家族主要争夺村落内空闲地块进行房屋营建,所以多分布在老洰河西侧、村落末梢皆为暖色轴线的活力较低区域(图 4-45、图 4-46)。

图 4-45
电子图

图 4-45　裴城村熵值分析图解

（资料来源:笔者自绘）

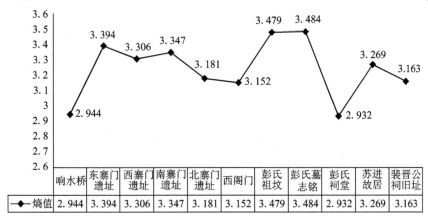

图 4-46　裴城村重要节点熵值分析

（资料来源：笔者自绘）

4.5　乡村量化研究发展趋势

从目前的乡村空间量化研究的方法和成果来看,村落空间研究不仅从静态走向动态,而且在研究方法和逻辑、对象等都有新的变化。

1.其他量化分析方法

乡村空间和其所在的生存自然环境、社会脉络不可分割,是一个极其复杂的系统,相互作用难以分割。在这种思维模式下,现有的量化方法多为先拆分再综合,可以将乡村空间拆解为多个可以量化描述的子系统,进行逐一解读,总结出各个子系统的核心特点,从点的分析走向面的综合,比如乡村空间现状量化描述、乡村规划空间参数的计算与对比,后期空间使用的评价方法等等,这样全过程地进行量化分析。未来方法不仅要关注系统要素分解过程,更加要关注要素向系统整合的过程,对于空间规律的提取向着全智能方向发展,也有从主观向客观过渡的趋势。

目前,各类量化分析方法所使用的空间尺度也各不相同(表4-14),空间句法主要针对布局紧凑的街巷空间,参数化解析重构法也更适用于布局紧凑的村落,元细胞自动机模型的动态逻辑虽然符合自下而上的空间自组织逻辑,但是尚不能模拟离散布局村落跳跃式的发展过程。随着各种新的量化研究方法的出现,中小尺度上的村落系统和小尺度上的单村空间受到更多的关注,研究方法逻辑与乡村空间发展逻辑逐渐走向契合。

表 4-14　量化研究方法特点比较

类别	方法	适用对象特点	作用
静态研究	形态指数分析法	村落系统尺度或区域尺度	方案评价
	形态指数——影响因子关系分析法	区域尺度或跨区域尺度	
	空间句法	村域尺度:布局紧凑的村落街巷空间	
	空间参数化解析与重构法	村域尺度:布局紧凑的完全重构性村落	方案前导
	引力模型法	村落系统尺度	
	层次分析——地理信息系统复合模型法	村落系统尺度	
动态研究	系统动力学模型法	区域尺度以下多尺度普适	
	元胞自动机法	区域尺度以下多尺度普适:连续性生长的村落空间(目前)	

资料来源:杨希. 近 20 年国内外乡村聚落布局形态量化研究方法进展[J]. 国际城市规划, 2020, 35(4):9。

2.未来发展趋势

数据支撑问题是乡村量化分析的一个较大的障碍,主要受限于村落历史资料的质量,关于乡村的历史资料如历史影像图最早可以追溯到 1970 年左右,文字记载多是百姓口口相传的逸轶闻趣事,无法得到进一步的证实。目前研究乡村历史的相关资料主要有以下的途径:第一,明清或民国时期地方志内的文字和图纸,会有关于乡村的零星记载和空间方位示意图;第二,家谱,不少乡村中都留存有村中大家族的家谱,里面会详细地记载家族对乡村的营建过程和乡村各种重要设施的布局;第三,现存乡村建设和周边环境,我们可以通过现存的历史建筑、宅院、选址特征等进行历史场景的推断,以及通过乡村空间可以推断历史上百姓的生活场景;第四,美国国家地质局开放的 1970 年前后的航拍图。

在历史资料匮乏的情况下,根据有关学者的研究成果,有以下的两种研究思路:第一,以现有的历史形态为目标,从现有的历史断面形态结合相关的资料进行推断猜想,这种研究思路起源于地理学领域对历史上较大区域内地表覆被斑块(如森林、耕地、草地等)的演变过程研究,近年来在中国已开始渗透到乡村系统尺度上的村落形态研究之中。如针对甘肃省秦安县,基于方志记录的人口村庄数量和当代TM卫片,设计数学模型来反推1838—2004年间多时点村落的规模和数量。又如针对江苏省历史村落,尝试由数量到空间的分步复建,即由历史人口数据推导特定历史切片内的村落空间面积,并进一步借助现代居住适宜性评价模型在空间中定位村庄,分配村落面积等等。第二,以历史时空规律为目标,较为严谨地还原了各个历史阶段的空间形态。如采用历史时间断面法、历史文献分析法和田野调查的分析方法,对广东梅州客家乡村在唐初至清末的五个历史断面中的乡村分布点的数量、位置和规模进行了论断。

总体来看,村落历史空间的研究已经引起了国内学者的重视,在时间跨度方面,要对千年以上跨度的空间变迁展开研究,各种资料颇显不足,而且我们的乡村遭受破坏多,百姓迁移次数频繁,因此,时间节点以明清以来的乡村是未来乡村历史空间研究的重要片段。

量化研究应该更加注重乡村的地域性。量化研究容易纠结于乡村空间本身的各种构成要素,而乡村空间构成的地域性恰恰是揭示乡村形态影响的至关重要的方面,常常被忽视。空间特征变量包括如面积、朝向、间距等和所处环境的变量如高程、坡度和坡向等等,现有的成果多是从研究城市的量化模型的角度出发,而忽视了对个性本身的地域性特征,因此量化模型与实际空间不能获得良好的匹配性。从已有的乡村地域性构成特点来看,主要包括自然地理要素拓展到社会资源和对外的交往条件因素等等。未来乡村地域性量化模型应该更加注重地域条件在乡村空间的种种映射,并以此为线索,寻找空间的差异性。

第 5 章　乡村规划的内容及方法

5.1　乡村规划的概念和相关法规

5.1.1　几种概念的解析

在乡村规划的过程中,有下面几个概念需要进行辨识,因为不同的研究领域或者行政管理体系以及历史原因易造成混淆。

1.行政村和自然村

行政村是个行政管理范畴的概念,与它相对应的是自然村。行政村指政府为便于管理而确定的乡下一级的管理机构所管辖的区域,设村民委员会,是农村社会基层的管理单位。行政村就是村庄,在地理范围上,行政村一般大于自然村。行政村在人民公社时期称为"生产大队"。自然村在人民公社时期称为"生产队",在实行家庭联产承包责任制后改称为"村民小组"。

2.中心村和基层村

中心村和基层村是规划层面的概念。中心村是指具有一定人口规模和较为齐全的公共设施的村庄。基层村是指农民从事农业商品生产的聚居点(村镇建设技术政策要点,1986),在镇域镇村体系规划中,是中心村以外的村(镇规划标准,2007)。

3.乡和镇

乡和镇在行政上是同级的基层政府。两者主要根据国民生产总值中工农业的比重以及居民数量等指标来区分:县级政府所在地、非农业人口占全乡总人口的10%以上,其绝对数超过2000人的乡政府驻地,可以建镇,并允许各省区根据实际状况对建镇条件做适当调整。由此可见,建制镇与乡的区别仅仅在于"非农业人口数量和比例"。

4.城关镇、建制镇和集镇

与集镇相关的概念中,还有城关镇、建制镇这两个名词。这些是根据行政等级来设定的,它们从大到小的等级是"城关镇-建制镇-集镇"。城关镇是县城或县级市政府所在地,可以直接沿用城市规划和管理模式。建制镇又称设镇,是指国家根据一定的标准,经有关地方国家行政机关批准设置的一种基层行政区域单位,不含城关镇(镇规划标准,2007)。在行政等级中,集镇特指乡、民族乡人民政府所在地和经县级人民政府确认由集市发展而成的作为农村一定区域经济、文化和生活服务中心的非建制镇(村庄和集镇规划建设管理条例,1993)。

5.村庄分类

《国家乡村振兴战略规划(2018—2022 年)》提出顺应村庄发展规律和演变趋势,根据不同村庄的发展现状、区位条件、资源禀赋等,按照集聚提升、融入城镇、特色保护、搬迁撤并的思路,分类推进乡村振兴,不搞一刀切。将乡村分为了集聚提升类村庄、城郊融合类村庄、特色保护类村庄、搬迁撤并类村庄等四种类型。

(1)集聚提升类村庄

现有规模较大的中心村和其他仍将存续的一般村庄,占乡村类型的大多数,是乡村振兴的重点。目标是科学确定村庄发展方向,在原有规模基础上有序推进改造提升,激活产业、优化环境、提振人气、增添活力,保护保留乡村风貌,建设宜居宜业的美丽村庄。鼓励发挥自身比较优势,强化主导产业支撑,支持农业、工贸、休闲服务等专业化村庄发展。

(2)城郊融合类村庄

城市近郊区以及县城城关镇所在地的村庄,具备成为城市后花园的优势,也具有向城市转型的条件。综合考虑工业化、城镇化和村庄自身发展需要,加快城乡产业融合发展、基础设施互联互通、公共服务共建共享,在形态上保留乡村风貌,在治理上体现城市水平,逐步强化服务城市发展、承接城市功能外溢、满足城市消费需求能力,为城乡融合发展提供实践经验。

（3）特色保护类村庄

历史文化名村、传统村落、少数民族特色村寨、特色景观旅游名村等自然历史文化特色资源丰富的村庄，是彰显和传承中华优秀传统文化的重要载体。统筹保护、利用与发展的关系，努力保持村庄的完整性、真实性和延续性。切实保护村庄的传统选址、格局、风貌以及自然和田园景观等整体空间形态与环境，全面保护文物古迹、历史建筑、传统民居等传统建筑。尊重原住居民生活形态和传统习惯，加快改善村庄基础设施和公共环境，合理利用村庄特色资源，发展乡村旅游和特色产业，形成特色资源保护与村庄发展的良性互促机制。

（4）搬迁撤并类村庄

对位于生存条件恶劣、生态环境脆弱、自然灾害频发等地区的村庄，因重大项目建设需要搬迁的村庄，以及人口流失特别严重的村庄，可通过易地扶贫搬迁、生态宜居搬迁、农村集聚发展搬迁等方式，实施村庄搬迁撤并，统筹解决村民生计、生态保护等问题。拟搬迁撤并的村庄，严格限制新建、扩建活动，统筹考虑拟迁入或新建村庄的基础设施和公共服务设施建设。坚持村庄搬迁撤并与新型城镇化、农业现代化相结合，依托适宜区域进行安置，避免新建孤立的村落式移民社区。搬迁撤并后的村庄原址，因地制宜复垦或还绿，增加乡村生产生态空间。农村居民点迁建和村庄撤并，必须尊重农民意愿并经村民会议同意，不得强制农民搬迁和集中上楼。

5.1.2　乡村规划的法规

乡村规划法规为乡村规划建设提供法律保障。实现乡村的高质量发展，科学合理的规划与建设是必要的，而乡村规划建设的有效性建立在高度的法制化基础上，只有以健全的法律法规体系为保障，才能使规划工作有法可依。乡村规划法规的制定可以规范各省市"多规合一"的实用性村庄规划编制工作，科学引导村庄建设，推动乡村地区高质量发展，助推乡村振兴战略实施。编制村庄规划，应当执行国家和省级有关法律法规政策。

近几年来，河南省也加大力度，在乡村振兴发展方面做出了一系列的布局（表5-1）。

表 5-1　河南省近些年乡村发展历程

日期	名称	内容
2018 年 1 月	关于推进乡村振兴战略的实施意见	明确乡村振兴发展战略目标
2018 年 12 月	河南省乡村振兴战略规划（2018—2022 年）	探索和谋划中原乡村振兴的总目标和阶段谋划
2019 年 7 月	河南省村庄规划导则	村庄规划的编制指导性文件
2020 年 7 月 12 日	河南省关于加快推进农业高质量发展建设现代农业强省的意见	到 2025 年，农业发展基础更加牢固，农业发展质量显著提高，现代农业强省建设取得明显进展
2021 年 6 月 8 日	关于进一步做好村庄规划编制管理工作的指导意见	扎实推进乡村振兴战略实施，引领乡村建设行动，助推农村人居环境整治提升
2022 年 4 月 8 日	习近平总书记关于"三农"工作的重要论述和视察河南重要讲话精神	依托地域资源，推动乡村振兴，推动乡村特色产业发展

5.2　乡村调查与分析

乡村调查与分析是乡村规划与设计的基础。乡村是一个复合系统，涵盖社会、经济、文化、自然环境、建成环境、景观（乡村意象）等六方面。可利用踏勘调研、资料调查、访谈调研、问卷调查四种方法获取乡村全面信息，进而使用因子分析法进行乡村系统整体分析、子系统整体分析或子系统的单因子分析，获取文字型、表格型、图片型与专题图型的现状分析结论，最终指导村域规划、居民点规划与村庄设计三个层面成果的编制，保证各层面编制成果的科学性与可实施性。

5.2.1 调查内容

乡村是一个综合系统,涵盖了经济、社会、环境、文化以及自然景观等子系统,乡村调查应该全面审视乡村的子系统以及相互交叉形成的交叉系统,具体可以从以下的六个方面展开调查(表5-2)。

表5-2 乡村规划调查内容一览表

子系统	条件因子名称	调研内容
社会子系统	历史沿革	村庄不同历史时期村庄行政区划调整及其对应的空间演变轨迹,特别要注意空间轨迹演变的推动因素调研
	人口构成与流动	①村庄各自然村人口分布; ②村庄人口家庭、年龄、社会构成、劳动力构成等; ③村庄人口流入与流出数量; ④流入人口的就业、就医、居住状况等; ⑤历年人口变动情况表
	乡村管理机制	①有关乡村建设、社会发展等的议事规则; ②上级政府促进乡村建设的举措、办法与规定
	村民意愿	①村民对村庄现状设施、环境状况的满意度; ②村民对村庄建设、村容村貌、公共服务设施等满意程度与发展愿景; ③村民关于提高村民收入、村民致富等方面的设想; ④村民住宅流转、入市、迁建等意愿
	建房需求	①村庄规划期限内的个人建房需求; ②当地村民建房的相关政策与标准

续表 5-2

子系统	条件因子名称	调研内容
经济子系统	第一产业	①农业种植类型、收入与从业人口； ②各类农业园区规模、面积与空间分布
	第二产业	①村庄二产的企业名称、规模、产值、职工人数及产品； ②企业污染情况及今后发展设想
	第三产业	①乡村农家乐、民宿、庭院经济、乡村旅游项目情况； ②第三产业发展存在的问题； ③第三产业发展设想
	土地流转与村集体收入	①村庄土地流转收入； ②村集体收入主要来源； ③家庭收入主要来源
文化子系统	村庄非物质文化遗产	①村庄习俗、节庆活动、传统美食、传统祭祀活动等； ②民间文学、口头技艺、名人、工艺品等
	村庄物质文化遗产	①文保点、不可移动文物、历史建筑等分布位置、等级； ②古桥、古墓、古井等历史环境要素分布位置、等级、保存完好度
	传统风貌街区与建筑	①传统风貌街区分布及价值； ②传统建筑风貌与分布
自然环境子系统	自然条件	村庄赖以生存的地形(山体)、水系、森林、气候等
	特殊生境	动物、植物的栖息地

续表 5-2

子系统	条件因子名称	调研内容
建成环境子系统	村域土地	村域土地利用现状,含地类类别、面积、空间分布
	居民点土地利用	①村庄所有居民点土地利用现状性质、面积及空间分布; ②村庄居民点分布图
	村庄基础设施	①村庄的给水、污水、电力、通信、环卫等基础设施的建设现状,涵盖管线走向、管径、管材、敷设方式与深度、相关设施空间位置与规模; ②公厕与垃圾收集设施; ③污水处理方式,垃圾处理方式
	村庄公共服务设施	村委会、小学、幼儿园、中学、卫生室、超市、便利店、菜市场、文化设施等位置与规模
	道路交通现状	①村庄主要对外交通线路名称、等级、位置、断面形式与宽度、路面质量; ②村庄主要道路、次要道路、支路、巷路等名称、等级、位置、断面形式与宽度、路面质量、铺装形式与材料; ③村内停车场建设现状; ④桥梁形式与位置
	村庄绿化	①村民美丽庭院建设现状,包括采用的绿化树种; ②进村道路及村内主要道路绿化现状; ③绿化维护机制与资金来源; ④村庄古树名木分布现状
	村民住宅	①村民住宅形式、建筑质量、建筑高度等; ②村民建房水平

续表 5-2

子系统	条件因子名称	调研内容
景观子系统/乡村意象	山、水、田	①乡村山体、水体、田园景观； ②山、水、田、居的空间关系、形态与格局
	村口	①村口的标识； ②村口空间景观
	主街巷	①主要街巷的肌理； ②主要街巷的宽度、立面、地势、铺地、植物等
	边界	①村庄的边界（建筑界面）； ②村庄外围的水体、山体、农田边界景观
	节点	村内公共空间分布与景观质量
	片区	①生活性、生产性、公共服务等片区范围与景观质量； ②历史保护、旧村整治、新村建设等片区的范围与景观质量

资料来源：陈前虎，乡村规划与设计［M］.中国建筑工业出版社，2018：76-77。

5.2.2 调查方法

1.现场踏勘

现场踏勘调研法指通过对乡村进行实地脚步丈量，调研了解乡村各系统发展及建设状况。踏勘调研前要准备好村域和乡村居民点地形图、卫星遥感图以及收集、记录踏勘资料的材料。通过踏勘，直观感知乡村各种物质环境和乡村发展水平，了解乡村人居环境中的道路、公共服务设施、市政基础设施、建筑质量、建筑高度、建筑风貌、公共空间、景观绿地等状况和土地利用现状；初步了解乡村物质空间建设存在的问题、乡村经济（产业）与文化特色等内容；并采用地形图对照与记录（标注）、照片记录、手绘记录、观察等方法做好踏勘信息的记录。在踏勘过程中，要特别注意标出、记录出实地现状与乡村地形图（遥感图）不一致的地方。

在乡村现场踏勘的过程中需要注意以下几个方面：①要保证调研的时间周期，能够相对完整地观摩乡村百姓的生活周期，观察百姓对乡村公共空间的使用情况；②寻找乡村的乡贤，通过笔者多年的调研经验总结，在乡村中总能找到一位对本村历史特别通晓的老者，甚至其已经收集了该村大量的图纸、家谱和文字记载等非常宝贵的资料；③需要多角度、多视角地观察乡村，如社会视角、经济视角、自然环境视角等，在记录的过程中也要注意从宏观、中观、微观等多维角度展开。现场踏勘所见资料实例如图5-1所示。

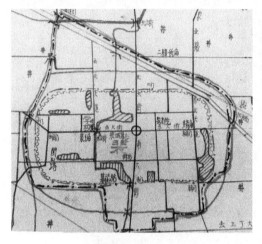

(a)村民绘制的乡村地图

(b)百姓晾晒家谱

(c)百姓手抄的碑文

图5-1　现场踏勘所见资料

2.历史地图、文字资料的收集

历史地图能否将乡村发展的历史断面进行串联,相对清晰地判断出乡村的各个历史脉络,也是不能忽视的一个环节。收集乡村的历史地图有以下几个途径:①通过乡村中流传下来的姓氏家谱,这些家谱中可能会记载乡村的变迁和重要建筑的样式,可以对乡村的初步形态和重要建筑进行推演;②乡村中的碑刻等文字性的记录资料,乡村中的重要建筑如魁星楼、庙宇、祠堂等重要公共建筑往往会立碑记录当时建筑建设的详细情况,通过这些问题,可以还原当时的建设场景;③历史上的军事地图、航拍图。乡村收集资料实例如图 5-2 所示。

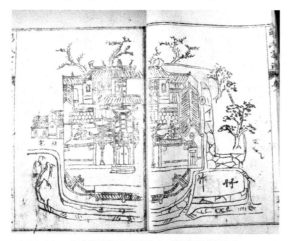

(a)乡村历史地图及文字资料的收集

(b)乡村历史地图及文字资料的收集

图 5-2　乡村收集资料实例

3.访谈调研

访谈调研对象包括村干部、不同年龄层次的村民、游客、企业代表、乡镇政府干部代表等。访谈内容围绕住房情况及个人建房需求、设施及人居环境的满意度与发展需求、产业发展、大项目建设、企业搬迁、城乡迁移、生活愿景、村集体领导力、乡村议事规则、资金来源等内容展开，了解存在的问题以及问题产生的根源。访谈可采用座谈会、单独访谈、小组访谈等形式，要注意做好访谈记录。在访谈过程中，尤其要注意跟村民的交流方式，尊重地方习俗。另外，如果需要解决语言障碍问题，应该寻求懂地方方言的村干部、大学生等陪同与帮助。

4.问卷调查

问卷调查的对象包括村干部、不同年龄层次的村民、游客、非农产业经营者代表、乡镇政府干部等。因此，要针对问卷调查对象的不同分别设计相应的调查问卷，以实现对调研乡村全面信息的收集与掌握。问卷调查的方式、方法整体上可以分为自填式问卷调查、代填式问卷调查两大类。其中，自填式问卷调查中的送发式问卷调查、代填式问卷调查中的访问式问卷调查最适宜在乡村问卷调查过程中使用。

调查问卷可以集中对关键性的问题进行调查，如从居民生活方式、乡村特色物质环境及设施条件、百姓对传统乡村生存环境的评价以及百姓的意愿和需求等方面展开。基本情况调查属于事实问题，旨在了解调查对象客观存在的基本特征和基本情况；居住现状调查属于认知问题和价值问题，旨在了解百姓对居住现状的客观认识和主观感受；特色调查旨在了解百姓对传统风貌的主观认识，对乡村传统风貌的主观认识和评价；设施需求调查旨在调查百姓对文化设施和配套服务设施的使用和需求；特色居住类型调查最典型的乡村空间类型来分析百姓对乡村公共空间和民居的态度(图5-3)。

3.若未来村子发展的特别好，您打算如何参与经营村子?
a.以房子或土地抵押成为股东之一，分红31.3%
b.以个体户的形式参与到村落的日常运行和管理37.4%
c.将房子或土地租给村委，由村委统一经营管理，收取租金32.2%
d.出售房屋产权给村委，搬入社区8.7%
总结：
　　未来村子的经营可多元化发展，结合村民意愿发展多种经营模式，而地坑院未来作为一个重要的经营空间会参与到村落的运营之中。

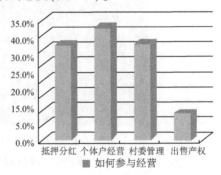

4. 若是新建宅院，您希望有以下的哪些特点？
a. 卫生间与主体房屋合设33.6%
b. 家畜养殖设于院子之中19.0%
c. 新建宅院利用沼气、太阳能29.3%
d. 水冲式厕所39.7%
e. 方便上下楼15.5%
f. 冬天方便取暖61.2%
g. 有专门的商业经营空间12.1%
h. 配套车库5.2%
i. 新建房子与地坑院结合30.2%
总结：
    传统的生活模式已不再能满足人们的需求，在新建宅院中人们希望保留传统特色的同时融入更多现代生活方式。

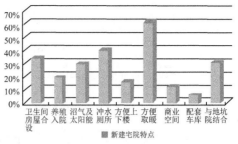

图 5-3 针对陕州区曲村做的部分调查问卷及统计结果
（资料来源：笔者整理）

5.2.3 现状分析

现状资料收集完毕之后，会根据掌握的调查资料进行系统的分析，并形成现状分析的成果，为进一步的后续规划做准备工作。常见的分析内容包括交通分析、多因子叠加分析、乡村空间量化分析、乡村历史脉络分析、生态敏感性分析、土地适应性分析、SWOT分析等。现状分析的目的主要有两个方面：一是总结乡村现状的基本情况，找出乡村的基本特色和发展趋势；二是找出乡村现状存在的问题和主要矛盾。下面以选取SWOT分析、土地适应性分析、生态敏感性分析等进行说明现状的分析。

1.SWOT 分析

SWOT分析也称为自我诊断法，也是常用的一种现状分析方法，是对乡村现状的综合考量。其中，S（Strengths）表示优势，W（Weaknesses）表示劣势，O（Opportunities）表示机会，T（Threats）表示威胁（图5-4）。基于内外部竞争环境和竞争条件下的态势分析，就是将与研究对象密切相关的各种主要内部优势、劣势和外部的机会和威胁等通过调查列举出来，并依照矩阵形式排列，然后用系统分析的思想，把各种因素相互匹配起来加以分析，从中得出一系列相应的结论，并且结论通常带有一定决策性。运用这种方法，可以对规划乡村所处的情景进行全面、系统、准确的研究，从而根据研究结果制定相应的发展战略、计划以及对策等。

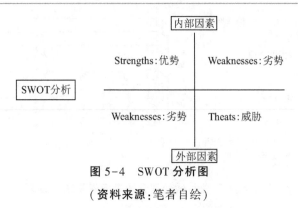

图 5-4　SWOT 分析图

（资料来源：笔者自绘）

2.土地适应性分析

分析土地适应性即土地在一定条件下对不同用途的适宜程度。土地适宜性分析就是根据土地的自然、社会、经济等属性，评定土地对于某种用途（或预定用途）是否适宜以及适宜的程度，它是进行土地利用决策、科学编制土地利用规划的基本依据。土地适宜性可分为现有条件下的适宜性和经过改良后的潜在适宜性两种。多宜性是指某一块土地同时适用于农业、林业、旅游业等多项用途；单宜性是指该土地只适于某特定用途，如陡坡地仅适于发展林业、水域仅适于发展渔业等。由于每块土地有不同等级的质量，因此在满足同一个用途上，还有高度适宜、中等适宜、勉强适宜或不适宜的程度差别。如图 5-5 所示的乡村根据坡度坡向分析、生态空间、已有的居住空间、耕地分布等来划定乡村的建设空间、农业空间和生态空间。

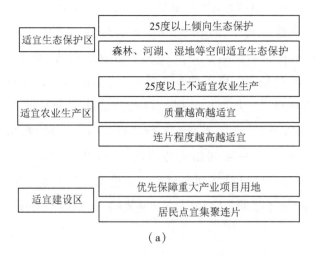

（a）

■ 单因子分析

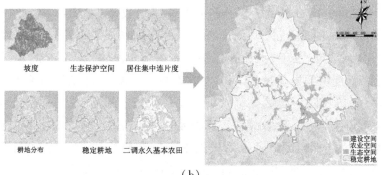

坡度　生态保护空间　居住集中连片度

耕地分布　稳定耕地　二调永久基本农田

建设空间
农业空间
生态空间
稳定耕地

（b）

图 5-5(b)
电子图

图 5-5　乡村根据因子分析划定村域的三生空间

[资料来源:白虎榜、程德岗、豹子垴村村庄规划(2021—2035)]

3.生态敏感性分析

生态环境敏感性是指生态系统对区域内自然和人类活动干扰的敏感程度,它反映区域生态系统在遇到干扰时,发生生态环境问题的难易程度和可能性的大小,并用来表征外界干扰可能造成的后果。生态敏感区包括水源保护区、风景名胜、自然保护区、国家重点保护文物、历史文化保护地(区)、基本农田保护区、水土流失重点治理及重点监督区、天然湿地、珍稀动植物栖息地、红树林以及文教区等区域。生态敏感性分析可以针对特定生态环境问题进行评价,也可以对多种生态环境问题的敏感性进行综合分析,明确区域某种或综合生态环境敏感区的空间分布,以及生态问题发生的可能性大小等内容,也可以指导村庄各类型用地范围的划定。针对生态资源特别丰富的乡村,可根据实际情况,针对不同的影响因素进行生态敏感性的分析(图 5-6)。

生态安全格局及功能区规划思路		
集中建设区		
集中建设区外	村庄建设片区	
	生态片区	地质灾害
		水安全评价
		生物保护安全
	农业片区	农业适宜性评价
		林地适宜性评价
	休闲游憩片区	文化遗产安全格局
		游憩安全格局

图 5-6　生态敏感性分析

(资料来源:阎村镇国土空间规划)

4.乡村历史脉络分析

具有历史价值的乡村,需要注重历史资源的收集,并做出相应的分析,会对后期乡村用地布局、空间形态格局等方面做出相对准确的研判,形成合理化的乡村格局,最大化地保护已有的历史脉络(图5-7)。对于乡村历史脉络的分析主要从以下三个方面着手:第一,详细调查乡村的整体历史格局,如环壕、寨墙等确立下来的乡村基本形态,从零星分布的历史碎片中找到完整的脉络;第二,调查乡村历史发展脉络,剖析乡村典型的历史阶段的空间形态,寻找乡村发展的完整脉络,对乡村的整个历史脉络进行完整的绘制;第三,抓住影响乡村发展的主要因素,抽丝剥茧,对乡村典型历史空间格局进行判断。

5.综合分析

有了现状踏勘和资料收集之后,会做出一系列的常规性的综合性的分析,如区位分析,即把设计对象作为一个整体放到一个区域中进行定位,区位分析包括位置要素、自然区位要素、社会与经济区位要素等方面,科学全面的区位分析对确定乡村发展的用地布局、产业导向等具有重要的作用。

上位规划分析体现了上一级规划对土地利用、空间资源、生态环境、基础设施、产业发展等内容构想与要求,具有全局性、综合性、战略性、长远性的特点,均衡了近期与远期、局部与全面、单一与综合、战术与战略利益的考量。它们是下位规划的引导性、约束性规划。通过对相关的县市级(上一级)的乡村体系规划、乡村用地规划、乡村服务设施规划、乡村基础设施规划、乡村风貌规划、乡村整治规划,交通系统规划,旅游规划、环境保护规划以及镇(乡)域村庄布点规划包括的村庄空间布局、村庄发展规模、空间发展导引、支撑体系、防灾减灾、实施建设时序安抚等相关上位规划信息的全面解读,才能有依据、科学性、协调性地进行具体的村庄规划。

图 5-7
电子图

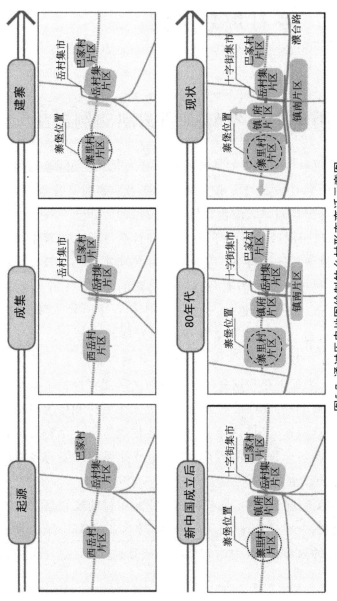

图5-7　通过历史地图绘制的乡村形态变迁示意图

（资料来源：笔者指导郑州大学建筑学院城乡规划2017级本科生绘制）

第 6 章　乡村规划实例

6.1　具有历史价值乡村规划编制实例剖析

具有历史价值乡村一般指的是被列入历史文化名村、传统村落名录的乡村,这些乡村具有一定的历史文化资源或者非物质文化遗产,需要编制保护规划,保护规划一般应包含保护与发展两大部分。

乡村大大依赖于周边的自然环境,同时和社会体系也有着千丝万缕的联系,因此乡村保护往往需要涉及与村落相关所有方面以及整个村落的空间环境。乡村遗产保护需要考虑一个村落的全部。一个乡村之所以具有保护的价值在于它的整体,这个整体既包含了乡村本体,也包含了其所处的环境,也包含了支撑乡村生存和发展的各种经济和社会因素。所以,乡村保护规划不应该仅仅聚焦于乡村的某些方面或某些因素,特别是村落未来的生存和发展问题是乡村遗产能否保护下来的根本问题。同时从客观上看,现在被列为中国历史文化名村和传统村落的村落大部分是因为落后和贫困而被留存下来,乡村遗产对一个村落而言常常是它存在的根源甚至是全部,因此,乡村遗产的保护需要与乡村的发展同时纳入保护规划的范畴。

在最新的相关法规条例中,具有历史价值的乡村的规划编制与普通的村庄规划的编制中如现状评估、用地布局、国土综合整治、未来发展等方面有交叉重合的内容,重复的内容就不再赘述,这里只把与保护相关的内容进行阐述。

6.1.1　编制依据

2008 年颁布,2017 年修订的《历史文化名镇名村保护条例》是具有历史价值乡村保护规划编制以及实施的重要依据。其中提出了保护规

划的重要内容是保护原则、保护内容和保护范围;保护措施、开发强度和
建设控制要求;传统格局和历史风貌保护要求;历史文化街区、名镇、名
村的核心保护范围和建设控制地带;保护规划分期实施方案。

2020 年 9 月,河南省住房和城乡建设厅颁布了《河南省传统村落保
护发展规划导则(试行)》,其中保护规划篇章主要从现状特征分析、资
源价值评估、明确保护对象、划定保护范围、制定保护措施等几个方面展
开,适用对象是传统村落和历史文化名村。

6.1.2　保护规划的主要内容

1.划定保护范围

乡村保护规划的首要任务就是划定保护范围,需要根据乡村的历史
文化遗存和整体格局划定核心保护范围、建设控制地带和环境协调区三
个层次,同时制定相应的保护措施。核心保护范围是乡村中物质遗产丰
富集中、空间格局保存完整的部分,包括乡村本体同时也包括乡村本体
直接依托的农田、河流、植被等人工和自然景观要素。建设控制地带是
核心保护范围周边对核心保护区在视线、景观上有直接影响的建设区
域,建设控制地带允许建设,但对各类建设行为应进行严格的控制。环
境协调区是在核心保护区内向周边眺望的视线所及范围内的自然、人工
景观,针对不同的保护层次(即保护区划)和不同的保护对象(村落、农
田、山林等)。

(1)以裴城村为例进行说明乡村保护范围的划分过程及思路

裴城村是中原地区豫中嵩岳文化区的一个平原村落,2012 年底入选
第一批国家级传统村落,2014 年 3 月入选河南省历史文化名村名录。
裴城村历史悠久,相传始于西周,原名为河阳滩、洄渠镇。关于裴城有确
切历史的记载可以追溯到唐元和十年,唐朝宰相裴度平淮西屯兵于此,
后人更名为裴城。

在进行保护范围划分的时候,主要考虑了以下因素:第一,历史文化
遗存特别集中的区域。这个区域是大量历史建筑留存的区域,需要重点
保护起来。第二,影响乡村格局的水系。村中的老洄河是历史上就存在

裴城村保
护范围及
与文保单
位的衔接

的一条古河道,穿村而过,而且村中古河道沿线留有一些列的重要历史景点,如洄河桥就是宋代建设的石拱桥,一直保留至今。第三,乡村的整体格局。乡村呈现出了中间高、四周低的微地形,被当地百姓称为龟背城,椭圆形寨墙外有内外两层环壕,由于20世纪六七十年代,寨墙被拆除,只是留有环壕的片段。因此,在进行保护范围划分的时候,思路如下:核心保护范围是以裴城村的中心十字街向四个方向进行拓展延伸,把村中历史建筑集中片区、洄河核心段等,建设控制地带则是以历史上的环壕外岸线为界,这是历史上裴城村的完整格局,剩余的乡村现有的建设范围则是环境协调区。这里需要强调的一点是,在划分乡村核心保护范围的时候,如何与现有的历史文保单位进行协调,怎么统筹两者之间的关系是一个难点。在实际操作的过程中,如果文保单位和乡村保护范围有冲突的区域,以"就高不就低"的原则,遵循更严格的标准来划定范围和制定保护措施。

(2)以豫北河内文化区的正面村为例

正面村位于太行山区,在对正面村保护区划分的过程中探究历史格局则采用了历史地图与量化分析的相结合的方法,最大化地还原乡村历史格局的真实状态(图6-1)。通过百姓座谈得知,正面村在历史上为一主一副的乡村运行方式,主村为大姓闫氏家族的居住空间,副村为长工、家仆等服务人群的居住空间,一主一副乡村空间距离百米,中间有一条交通道路进行联系,交通道路的两侧为开敞的田园风光,也是乡村格局重要的组成部分。通过乡村1970年前后的历史地图发现,贯穿主副乡村的东西干道是乡村的主要骨架系统,通过这条骨架进行东西向的联系,而在这条脉络上有庙宇、学堂、村中心广场等等一系列的重要建筑和开放空间。通过空间句法进行线密度分析和可达性分析,也能够判断出乡村的公共活动中心以及乡村东西主脉的重要性。在以上三点的判断下,对乡村的保护区进行了划分,首先核心保护范围不仅包含主村最核心的历史遗存片区,还包含副村的中心区,以及主副村之间的联系空间,最大程度地保持了正面村的乡村空间格局。

（a）乡村历史地图分析

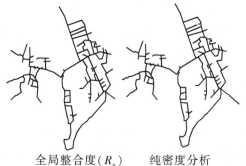

全局整合度(R_n) 纯密度分析

（b）乡村空间量化分析

图 6-1
电子图

图 6-1 乡村历史地图及空间量化分析

（资料来源：笔者自绘）

2.乡村建筑及环境的保护与改善

村落的建筑与其所在的院落空间，保护与改善需要同步进行。乡村中的传统民居不同于一般的文物建筑，它是村落日常生活居住的场所，因此如何保持住这些乡村建筑的乡土气息，符合当地的性格是乡村建筑及环境保护的重点。

在《历史文化名城名镇名村保护规划编制要求（2013）》中将乡村中的建筑分为了文物保护单位、历史建筑等四类并分别提出了相应的保护措施：①文物保护单位按照批准的文物保护规划的要求落实保护措施；②历史建筑按照《历史文化名城名镇名村保护条例》要求保护，改善设施；③传统风貌建筑在不改变外观风貌的前提下，维护、修缮、整治，改善设施；④其他建筑根据对历史风貌的影响程度，分别提出保留、整治、改造要求。

村落里的任何建筑物都是功能性的建筑物，传统民居更是村民家庭的居住兼生产场所。但是，普遍的情况是越是保存完整的村落，传统民居中的生活设施越差越落后。因此，要保持乡村遗产的活态属性，改善传统民居中的生活设施是保护工作的重要组成部分。除了民居内的卫浴、厨房以及污水排放和处理外，民居的防火、防潮、防蛀以及结构安全等都是那些年久失修的传统民居面临的基本问题，因此对于村落中历史建筑和传统建筑的改善应该放在一个与保护同等重要的位置。

以裴城村为例,乡村建筑及环境的整治与改善主要从几个方面出发:第一,建筑本体。采用最小干预的原则,尊重历史的原真性,重点修复建筑的破损与风化,并且以传统的工艺为主导进行建设,全面地保护了豫中地区建筑的风格。第二,宅院。主要包括宅院环境和宅院之间的马道,通过详细查找历史资料以及对当地老人的访谈,对历史上院落之间的马道空间进行了恢复,一方面是增加了院落的空间联系性,另一方面也植入了新的功能流线,使得空置的核心片区有了新的功能。第三,景观要素。绿植、景观石等尽量采用当地树种,符合豫中性格的点缀景观(图6-2)。

图 6-2　裴城村建筑及环境整治

（资料来源：裴城村保护规划）

3.乡村的发展与乡村的建设

　　传统村落、历史文化名村等有历史价值的乡村在得到全面的保护后，需要进一步发展，才能激发乡村的活力，才能使乡村具有一定的造血功能。乡村的发展与利用应该以不损害乡村遗产的属性为前提。在保护的前提下，开展乡村旅游、乡村文化活动及展示、传统民俗活动及乡土产品的开发与推广均是当下乡村发展可选择的路径。

　　整理乡村历史资源的目的之一是促进乡村的发展，同时乡村的遗产资源正是具有传统文化物质与非物质遗存的村落发展的重要且独特的资源。如乡村旅游正是基于这种对乡村遗产的认识和理解而发展起来的，乡村旅游为村民带来了就业机会，从而增加了村民的收入、拓展了村民收入的来源。乡村发展应该遵循以下三大原则：第一，关注乡村使用主体对象的切身利益，不仅关注村民收入的提高，同时应该关注村民就业能力和适应风险能力的提高；第二，关注乡村的物质空间结构、社会组织结构和运行机制，外部的干预不应损害村落内部的运行机制及其演变规律；第三，关注乡村遗产的传承和乡村的可持续发展，在发展中提高村落的文化价值。上述三大原则适用于所有乡村遗产利用的路径，包括非物质文化遗产的展示、传承活动以及农业和其他产业的发展。

　　如豫中嵩岳文化区的临沣寨村，是一个红石寨墙保存完整的乡村，乡村内部空间格局整齐，以朱家大院为主的建筑非常具有地域特点，在充分保护的前提下，进行了发展，临沣寨的发展主要聚焦在三个方面：一是增加原住民的生活水平，在老村内留有一定数量的原住民进行生活；二是保持原有的乡村风貌，尊重乡土气息、使用地域材料，如寨墙修复还是以原来的红石为主；三是关注乡村空间组织结构，不破坏乡村的原有的组织结构(图6-3)。又如豫南天中文化区的丁李湾村(图6-4)以乡村旅游为发展特色，同样乡村的发展保证了乡村大格局山、村、水、田的完整性，增加的点状服务设施处在外围或者对原有的民居进行更新改造，也最大化地保留了原有民居的样式，植入新的功能也是在保证原住民的前提之下进行的。

图6-3 临沣寨村2021年(上排)与2013年(下排)同视角对比

(资料来源：笔者自摄)

图6-4 丁李湾村

(资料来源：笔者自摄)

6.2　实用性乡村规划编制

　　编制"多规合一"的实用性村庄规划目的是科学引导村庄建设,推动乡村地区高质量发展,助推乡村振兴战略实施。村庄规划是国土空间规划体系中乡村地区的详细规划,是开展国土空间开发保护活动、实施国土空间用途管制、核发乡村建设项目规划许可、进行各项建设活动的法定依据。在国土空间规划背景下的实用性乡村规划的编制比以往的乡村规划的编制有着非常明显的特征:第一,规划与国土合二为一,国家层面进行机构改革之后,规划和国土部门合二为一,土地和规划脱节的状况不复存在,村庄规划的编制也以 ArcGIS 为操作平台,开启了新的篇章;第二,落地性更强,实用性村庄规划不但预测控制,甚至还需要指导乡村建设项目的落地实施,让村庄规划变得更加有实践意义;第三,指标量化,清晰而明确乡村规划前后各项指标的变化,从定性走向定量(图 6-5)。

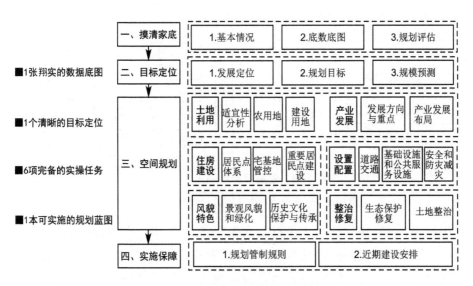

图 6-5　实用性乡村规划的技术路线

[**资料来源**:盂钵桥乡村规划(2021—2035)]

6.2.1 发展目标

乡村发展目标是指一定时期内乡村经济、社会、环境发展的方向和预期达到的一种状态。乡村发展目标是多层面、多维度的,即包括总体发展目标定位。发展目标和定位围绕农业农村现代化的总目标,依据上位规划确定的村庄类型,充分考虑村庄人口资源禀赋和经济社会发展,研究确定村庄发展定位、发展目标和发展规模,明确国土空间开发保护、人居环境整治目标,合理确定村庄规划控制指标体系。

乡村发展目标制定包括分析背景条件、确定总体目标、明确各子目标等环节。以国家乡村振兴总体要求为基础,契合省市县乡村发展总目标,评估乡村的机遇与挑战,结合乡村资源环境价值评估,综合判断乡村所处的发展阶段其主要短板;在总目标的基础上,可以进一步从区域分工定位、生态环境提升、产业经济发展、历史文化彰显、乡村设施建设、社会文明和谐等方面定性或定量提出乡村发展的子目标(图 6-6)。

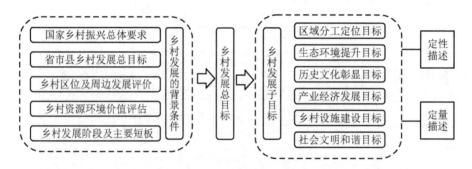

图 6-6 发展目标的制定

(**资料来源**:陈前虎《乡村规划与设计》)

2018 年,国家层面提出了乡村五大振兴的策略,即"产业振兴、人才振兴、文化振兴、生态振兴、组织振兴",要形成一、二、三产业融合发展的现代农业产业体系,打造强大的乡村振兴人才队伍,提高乡村文化的高度自信,优化农村人居环境,推动乡村组织振兴等方面,进行乡村的全面复兴,这也是乡村发展的终极目标。

各个省市都会根据地方经济发展的不同,提出乡村发展的总体目标以及政策的指向。例如河南省在十四五规划中就提出:

推动乡村产业、人才、文化、生态、组织等全面振兴,加快形成工农互促、城乡互补、协调发展、共同繁荣的新型工农城乡关系,建设现代农业强省。郑州市的十四五规划中进一步提出:

坚持走城乡融合发展的乡村振兴之路,以缩小城乡差距和提高居民生活水平差距为目标,推进以人为核心的城乡一体化发展,持续巩固脱贫攻坚成效,助力乡村全面振兴。

在乡镇国土空间规划的层面上,也会对乡村、村庄进行类型划分、发展定位产业以及建设用地的规模和边界做出综合考量。在《河南省乡镇国土空间规划编制导则(试行)(2021)》中详细阐述了乡镇层面对乡村的规划引领,科学预测村庄人口发展趋势和村庄建设用地规模并分解至村庄,以村庄现状建设用地范围为基础,划定乡集镇和村庄建设实体边界。村庄建设实体边界应避让生态保护红线和永久基本农田,落实至具体地块四至边界,并明确相应管控要求。同时,从乡镇层面对乡村进行宏观层面的剖析,能够更加准确地把握乡村周边地区的总体发展趋势,更好地判断未来乡村的发展定位,并处理好乡村与周边地区的发展关系。

在《河南省村庄规划导则(2019)》中将乡村发展目标详细地进行拆分(表6-1),分为预期性和约束性两大类指标,其中建设用地、耕地、林地、湿地以及事关百姓的基础设施、义务教育覆盖等为约束性指标。

乡村自身资源环境价值评估也是乡村发展目标的重要参照依据,分析自然环境、社会经济、历史文化、民居建筑、历史遗存、景观风貌等方面的特色与价值,探索其作为乡村发展总体目标关键因素的可能性。同时,乡村发展阶段及主要短板结合乡村建设发展国内外先进的发展经验,研判乡村发展阶段,评估乡村建设存在的主要短板,明确现阶段乡村建设的主要任务与发展目标。例如,在中原地区,东西地域环境和人文环境差异都非常大,如豫西河洛文化区中,乡村地域特征显著,乡村空间格局有特色,生态资源非常好,产业格局清晰,发展乡村旅游等是非常好的发展趋势,但在豫东地区平原地区,乡村则缺少特色,通过村落环境建设来改善人居环境,产业发展往往成为薄弱环节,如何结合乡村短板,取长补短,以现代农业来提升乡村经济。

表 6-1　乡村发展目标拆分

序号	指标	规划现状	规划目标	变化量	属性
1	常住人口数量/人				预期性
2	村域建设用地总规模/公顷				预期性
3	村庄居民点建设用地规模/公顷				约束性
4	人均宅基地规模/（m²/人）				约束性
5	生态保护红线规模/公顷				约束性
6	永久基本农田保护面积/公顷				约束性
7	耕地保有量/公顷				约束性
8	湿地面积/公顷				预期性
9	林地保有量/公顷				预期性
10	公共管理与公共服务设施用地/公顷				预期性
11	新增建设用地规模/公顷				预期性
12	农村居民人均可支配收入/元				预期性
13	粮食综合生产能力/kg				约束性
14	农业劳动生产率/（万元/人）				预期性
15	畜禽粪污综合利用率				约束性
16	生活垃圾无害化处理率				约束性
17	生活污水处理率				约束性
18	户用卫生厕所普及率				预期性
19	九年义务教育目标人群覆盖率				约束性

资料来源：河南省村庄规划导则（2019）。

6.2.2　乡村定位

　　乡村定位是指乡村在一定区域内社会、经济和文化方面所担负的主要职能和所处的地位。乡村功能定位代表了乡村的个性、特色和发展方向，由乡村形成与发展的主要条件决定，并由该条件产生的主要职能所体现。确定乡村定位的依据和方法确定乡村功能定位，就是综合分析乡

148

村的地理条件、交通优势、资源环境、产业水平、公共服务水平等因子,指出其发展特色与优势,明确乡村的主要职能。一般采取"多因子综合分析"的方法,结合定性与定量分析,明确乡村功能定位(表 6-2)。

表 6-2　×镇不同乡村的发展定位

序号	乡村资源禀赋	发展定位
1	寺庙、研学、老公社、坑塘丰富、毗邻省道	×镇东北部产农禅一体化发展特色保护型乡村
2	稳定耕地面积大、毗邻红色名人故居、乡村旅游基础好	×镇东南部农业高质量发展、红色旅游配套产业特色突出、三产有效融合地集聚提升类村庄
3	光伏产业基地、水产养殖面积大	×镇东部"农渔光互补"混合发展示范村,巴河西岸环境优美、生活舒适的集聚提升类村庄
4 5 6	三村各自资源较匮乏,联动发展,取长补短,联合编制	×镇东北部联动发展农业示范区,乡村 4 商贸服务、高效农业;乡村 5 文化服务、高效农业;乡村 6 商贸服务、水产养殖
7	林地资源丰富,坑塘水系面积大	×镇东北部以农、林、渔为特色 一产为主导的保留提升类村庄

资料来源:笔者整理。

以×镇为例进行说明,仔细剖析乡村的资源禀赋,该镇整体地势平坦,属于典型的平原,具有红色旅游资源,有名人故居园,坑塘水系丰富、乡村普遍以水产养殖为主导产业,部分乡村有旅游资源,乡镇南北发展不均衡,存在着较大的发展差异性。通过对七个乡村的发展定位来做比较,需要用简洁凝练的语句把乡村的典型特征进行总结,一般多以方位+未来发展趋势+乡村分类等三个方面进行总结。

6.2.3　乡村发展规模

乡村发展规模主要包括乡村人口规模和建设用地规模。在乡村规划中,人口规模预测是各类公共设施与基础设施配置的前提和依据。只有人口规模预测准确,规划的建设用地规模、公共设施与市政设施规模的合理性才有保证。同时,建设用地规模要与人口规模相对应,根据不同区域情况,按照一定的标准进行配置。

1.人口规模预测

(1)乡村人口组成

①常住人口:指经常居住在本村的人口。它包括常住该村而临时外出的人口,不包括临时寄住的人口。第七次全国人口普查使用的常住人口=户口在本辖区人也在本辖区居住+户口在本辖区之外但离开户口登记地半年以上的人+户口待定(无户口和口袋户口)+户口在本辖区但离开本辖区半年以下的人。

②通勤人口:主要指劳动、学习在本村内,但不住在本村的人口,如职工、学生等。

③流动人口:主要指旅游、赶集等临时参加本村活动的,但时常需要使用村内各种设施的人口。

(2)乡村人口规模预测

乡村人口预测通常采用指数增长预测法。其公式为

$$P_n = P_0(1+K)^n + B \qquad\qquad (6-1)$$

式中:P_0 为基准年人口规模,一般包括历年有规律变化的常住人口、通勤人口与流动人口;P_n 为规划期末人口规模;B 为历年基本没有变化的人口,如通勤人口;K 为人口的年平均增长率,通常依据过去 5~10 年的人口变化计算所得;n 为规划年限。

2.乡村建设用地规模

乡村建设用地规模增或减与合理调整乡村土地利用结构和空间布局有着非常紧密的关系。首先需要科学安排农业生产、农民生活和农村基础设施等各类用地。鼓励建设农民集中居住区,逐步缩减居民点数量,全面改善农民住房条件,提倡土地集约、节约利用。在与土地利用规划充分衔接的基础上,确定村庄建设用地规模,明确复垦用地规模,重点落实农民建房新增建设用地。

①建设用地增量主要包括村民住宅用地、村庄公共服务设施与基础设施、村庄产业用地等建设用地的增加,也包括对外交通设施用地、国有建设用地等非村庄建设用地的增加。

②建设用地减量通过缩减乡村居民点数量、居民点规模,以复垦农

田、复垦林地等方式缩减建设用地。

在国土空间规划的背景下,对乡村建设用地的控制主要通过"自上而下"的上位规划引导,也同时需要"自下而上"的乡村本体的建设需求。上位的乡镇国土空间规划会根据镇域范围内的空间发展结构、产业分布等因素对乡村进行分类,并且会根据上位的建设用地需求对乡村的建设用地的增减提出整体的安排(表6-3)。同样,乡村本身也会根据人均建设用地面积、产业项目用地需求等方面提出建设用地的总目标。

表 6-3 乡镇国土空间规划对乡村的分类和建设用地指标控制

村名	现状建设用地面积/ha	村庄分类	规划村庄建设用地面积/ha
白虎榜村	13.86	保留提升类	12.48
豹子垴村	12.95	保留提升类	11.66
陈策楼村	8.64	城郊融合类	转换为城镇指标
程德岗村	17.94	保留提升类	16.15
祠堂湾村	13.43	保留提升类	12.09
杜家林村	26.42	保留提升类	23.77
古楼园村	14.83	保留提升类	13.35
浒子口村	17.08	保留提升类	15.37
擂鼓山村	16.87	保留提升类	15.18
六庙村	14.50	保留提升类	13.05
龙塘村	17.89	保留提升类	16.10
孟钵桥村	22.12	特色保护(发展)类	23.23
破港村	6.14	城郊融合类	转换为城镇指标
阮家湾村	16.43	保留提升类	14.79
汪家学村	10.65	城郊融合类	转换为城镇指标
王福湾村	20.42	城郊融合类	转换为城镇指标
雨山寺村	23.72	特色保护(发展)类	24.90
张家铺村	20.92	城郊融合类	转换为城镇指标

村名	现状建设用地面积/ha	村庄分类	规划村庄建设用地面积/ha
张新湾村	23.11	保留提升类	20.80
周顶湾村	18.26	保留提升类	16.44
陈家寨村	11.86	特色保护（发展）类	12.45
范家岗村	32.24	特色保护（发展）类	33.85
李家湾村	15.39	特色保护（发展）类	16.16
石头湾村	13.70	保留提升类	12.33
王家店村	11.67	城郊融合类	转换为城镇指标
王家岗村	14.15	特色保护（发展）类	14.86
机动留白用地			30

资料来源：黄州区乡镇国土空间规划（2021—2035）。

6.2.4 乡村产业

1.乡村产业分类

在乡村产业中,农、林、牧、渔等一产一直以来是农村的基础产业,也是农村之本,靠土地吃饭一直以来是乡村的典型特征,一产也占用农村大量劳动力;非农产业主要包括为农业生产服务的生产资料供应业、农产品运输业、农产品销售业以及为农民生活服务的建筑业、工业和商业服务业。在乡村产业经济发展过程中,乡村产业之间的比例关系和产业结构在不断调整、优化,乡村农业从简单再生产时代的单一种植业,逐步进化调整为大农业,再继续上升到产业多元化发展。乡村产业类型由单一到多元,使乡村产业结构日益合理,生态循环愈益平衡,经济效益越来越好。乡村产业的分类方式有以下几种:①按产业性质分为物质生产部门和与此有关的非物质生产部门;②按产业内容分为农业、乡村工业、建筑业、交通运输业、商业和服务业六大产业;③按产业分工特点分为第一产业、第二产业和第三产业。第一产业为农业种植业;第二产业以农产品加工业、建筑业为主;第三产业包括为乡村生产、生活服务的生产资料供应、农产品销售、农产品运输业、生活服务业等服务业,以及对外经营服务的乡村服务业,如乡村休闲、旅游服务业等。

2.乡村产业振兴政策引领

在 2018 年的两会期间,国家对乡村的复兴提出了五大战略——乡村产业振兴、乡村人才振兴、乡村文化振兴、乡村生态振兴、乡村组织振兴,把乡村产业的振兴放在了首要的位置。2019 年,自然资源部印发的《关于全面开展国土空间规划工作的通知》(自然资源发〔2019〕87 号),要求各地结合县和乡镇级国土空间规划编制,通盘考虑农村土地利用、产业发展和历史文化传承等,优化村庄布局。2020 年中央一号文件提出,新编县乡级国土空间规划应安排不少于 10% 的建设用地指标,重点保障乡村产业发展用地。2021 年 4 月 29 日第十三届全国人民代表大会常务委员会第二十八次会议通过《中华人民共和国乡村振兴促进法》,促进法要求县级以上地方人民政府应当保障乡村产业用地,建设用地指标应当向乡村发展倾斜。2019 年,自然资源部办公厅印发《关于加强村庄规划促进乡村振兴的通知》(自然资办发〔2019〕35 号)提出,允许各地在乡村国土空间规划和村庄规划中预留不超过 5% 的建设用地机动指标,支持零星分散的乡村文旅设施及农村新产业用地。河南省也陆续出台了乡村产业振兴的一系列利好政策(表 6-4)。

表 6-4　河南省出台关于乡村产业振兴的政策

日期	出台政策	政策要点
2018 年 1 月	关于推进乡村振兴战略的实施意见	乡村振兴实施措施与办法
2018 年 12 月	河南省乡村振兴战略规划(2018—2022 年)	乡村振兴战略的蓝图
2019 年 7 月	河南省村庄规划导则	村庄规划编制实施办法
2020 年 7 月	关于加快推进农业高质量发展建设现代农业强省的意见	高质量农业发展
2019 年 9 月	深入学习贯彻习近平总书记关于"三农"工作的重要论述和视察河南重要讲话精神	推进农业发展质量变革、效率变革、动力变革
2021 年 6 月	关于进一步做好村庄规划编制管理工作的指导意见	产业支撑,引领乡建

资料来源:笔者整理。

3.产业发展类型与发展策略

(1)农业类型:夯实传统农业根基

农业生产是乡村的基本职能,各乡村依托自身的自然资源,发展了包括农业种植、林业、畜牧业、水产养殖业等为主的传统产业。注重粮食生产的高效,在乡村产业发展引导过程中,应有效利用现有的传统产业基础,转变农业生产方式,扩大农业种植规模,创新农业组织方式,进一步夯实乡村的传统农业基础。

(2)工业类型:挖掘特色经济价值

从区域城乡统筹和乡村错位发展的角度,明确乡村特色工业,结合乡村自身资源禀赋,增加二产的附加值,做大做强高附加值的乡村产业类型,解决百姓就业,同时乡村工业应减少对自然资源的攫取,避免资消耗源型的产业类型,避免污染企业,最大化地挖掘特色经济价值。

(3)村镇类型:推动产业融合发展

村庄是百姓的生活空间,未来不但承载在百姓的日常生活,还应该担负着乡村经济生活,将日益丰富的乡村产业融入乡村生活中,形成产居结合的乡村空间,生产、生态、生活等三生空间相互融合。通过产业聚集、产业联动与技术创新等方式,将资本、技术以及资源化要素在村镇空间进行集约配置,使得农产品加工、销售、休闲旅游等与村镇空间有机融合。

(4)生态类型:促进绿色双碳经济发展

良好生态环境是农村最大优势和宝贵财富。要坚持人与自然和谐共生,走乡村绿色发展之路,让良好生态成为乡村振兴支撑点。打造农村特色生态链条,把生态环境与乡村空间发展,产业格局,污染环境治理,厕所革命等相结合,凸显乡村最大的绿色优势。

以郑州市中牟县的雁鸣湖镇的产业发展为例进行说明,建议雁鸣湖镇采取"生态+文化+旅游"的发展模式,以区域生态保护为基础,充分挖掘黄河文化、古墓群文化、民俗文化、农耕文化等文化资源,以黄河文化为引领,加快文化、农业产业的深度融合,将生态旅游业作为产业核心,盘活旅游资源,带动民宿餐饮、休闲商贸等配套产业的发展,打造产业延伸的生态休闲旅游特色村庄,促进产业与生态融合发展(表6-5、图6-7)。

表6-5　雁鸣湖镇产业发展

类型	产品	项目
文化旅游	文化休闲	采取"生态+文化+旅游"的发展模式,以区域生态保护为基础,充分挖掘黄河文化、古墓群文化、民俗文化、农耕文化等文化资源,并重点打造国家农业公园、黄河文化湿地、东彰玩艺会、洪果寺观光、打硪号子民俗文化体验区等重点项目
农业旅游	生态农业	①大地景观,建设生态绿林,营造大地景观; ②自然游憩、户外活动发展田野游憩、滨水游憩、观光骑行、农田野营等自然游憩和户外活动; ③科普教育、农事体验,依托现代都市农业的发展,培育农业的科普教育和农事体验功能
	新经济	①文化创意:发展农产品包装设计,工艺品设计,艺术家村落等文化创意形式; ②体育产业:开发飞行俱乐部,马术俱乐部,浅丘运动公园等项目; ③科教产业:发展国学教育,农业科普教育等产业,引入农业科研创新机构入驻; ④农品交易:形成特色有机蔬果观光、实物小型交易市场
	森林康养	①度假民宿:保留原始生态村落山林肌理,转移农业人口,对院落进行改造,建设休闲度假民宿; ②养生养老:保留林盘肌理,转移农业人口,植入康养园、疗养院等功能; ③人才公寓:在近城地区,利用有条件的建设用地或改造新型社区建设人才公寓; ④生活居住:保留一定规模职业农民,建设家庭农场,保留部分村落居住职能和新型社区

资料来源:雁鸣湖镇乡村振兴规划(2021—2035)。

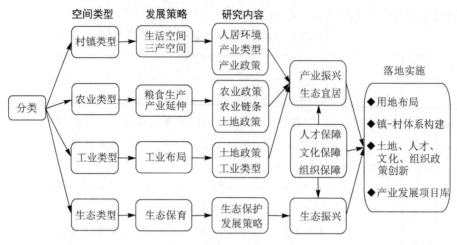

图 6-7 乡村产业类型发展策略

(资料来源:雁鸣湖镇乡村振兴规划)

在雁鸣湖镇域范围内,以乡村为对象基于土地储备、产业基础、资源条件和外部机遇四大因素,综合分析村庄产业发展现状,形成综合发展模式、旅游带动模式、特色农业模式和产业导入模式等四类村庄发展模式。靠近镇区,土地资源相对充沛,乡村产业为综合发展模式;旅游资源丰富,靠近黄河、沙窝风景区,乡村产业为旅游带动模式;土地资源充沛,种植基础良好,乡村产业为特色农业模式;缺少产业支撑,需要植入外来产业,乡村产业为产业引导发展模式。综合来看,优质的土地储备资源是乡村产业发展的首要因素,乡村现有土地载体的多寡决定了乡村未来能够承载乡村产业的规模;其次,乡村现有的产业基础也是决定乡村未来产业发展的一个重要方面,乡村在某些产业领域拓展后,形成的产业人才梯队、销售圈、市场经验等都能为后来的产业给予指引(表 6-6)。

表 6-6　雁鸣湖镇部分乡村产业发展

所属村庄	产业评价因素						发展模式研制	产业发展建议
	因素 1：土地储备	因素 2：产业基础			因素 3：资源条件	因素 4：外部机遇		
		第一产业	第二产业	第三产业				
西村	充足	传统农业种植、水产养殖		3～4 户农家乐、餐饮、超市等	①区位条件优越：紧邻镇区 ②历史文化资源：百年古树、古井、孔子回车庙			一产业、三产业为主，二产业为辅，1+3+2
东村	充足	传统农业种植		100～200 户餐饮、商场、超市	①区位条件优越：紧邻镇区 ②历史文化资源：水闸原素，有寨墙遗迹		紧邻镇区村庄，综合发展模式（1+2+3）	一产业、三产业为主，二产业为辅，1+3+2
韩寨	较少	传统农业种植		村集体 5 层商业楼、美食广场	区位条件优越：紧邻镇区			一产业、三产业为主，二产业为辅，3+2+1
杏街	一般	传统农业种植、水产养殖	酒厂、食品厂，有工业发展的基础		距离镇区较近，交通便利			一产业、三产业为主，三产业为辅，1+2+3

157

续表 6-6

所属村庄	产业评价因素						发展模式研制	产业发展建议
	因素1:土地储备	因素2:产业基础			因素3:资源条件	因素4:外部机遇		
		第一产业	第二产业	第三产业				
九堡	一般	传统农业种植,水产养殖,果园种植			①交通便利,紧邻107国道;②资源优势:毗邻黄河滩、黄河景观资源优势	市级美丽乡村,精品村,政策资金扶持		一产业、三产业为主,三产业带动一产业,3+1
辛寨	充足	传统农业种植,水产养殖,果园种植,大棚种植(草莓)			①洪果寺,清韵(县级文物保护单位);②四月初八庙会等文化活动	市级美丽乡村示范村,政策资金扶持	精品村+示范区,旅游带动模式(1+3)	一产业、三产业为主,三产业带动一产业,3+1
小宋	较多	传统农业种植,水产养殖(养鱼产业基础较好)		有少量垂钓		市级美丽乡村示范村,政策资金扶持		一产业、三产业为主,三产业带动一产业,3+1

续表 6-6

所属村庄	产业评价因素						发展模式研制	产业发展建议
	因素1:土地储备	因素2:产业基础			因素3:资源条件	因素4:外部机遇		
		第一产业	第二产业	第三产业				
小店	一般	传统农业种植,水产养殖,果园种植,种植类型多元	农产品二次加工(红薯粉条年产50t左右)	采摘园	①生态环境好:紧邻沙窝森林公园和蟹岛度假村风景区;②村集体较有活力:村集体成立农民诚信合作社,牵头组织牧农水产销售,全村城采摘,农机租赁等项目	河南省美丽乡村,政策资金扶持	精品村+示范区,旅游带动模式(1+3)	一产业、三产业为主,一产业、三产业带动二产业,3+1+2
闫岩	较少	传统农业种植,果园种植			村庄有遗留老房子,该村处黄河大堤上	市级美丽乡村示范村,政策资金扶持		一产业、三产业为主,三产业带动一产业,3+1
张庄	充足	传统农业种植,水产养殖,果园种植			①区位交通优势:紧邻省道S312;②村民有唱戏的传统	市级美丽乡村示范村,政策资金扶持		一产业为主,二产业为辅,1+2

资料来源:雁鸣湖镇乡村振兴规划(2021—2035)。

6.2.5 村域规划

村域规划是乡村规划的重要内容,在国土空间规划的背景下,需要明确出村域范围内的每一寸土地的用地性质,这是乡村全域统筹和多规融合的关键对象。村域规划的主要内容是对于乡村中的土地提出管控要求,在资源环境价值评估、村域空间管制等基础上,保护自然资源和生态资源,守住生态与耕地红线,并对村庄居民点的规模、边界、乡村产业、基础设施、公共服务设施统一布局。明确"生态、生产、生活"三生融合的村域空间格局,明确生态、文化、产业、居民点、服务设施等功能用地布局,明确村域主要建设项目的空间分布。村域总体布局应完整地反映村域的生态保护空间、文化传承空间、产业发展空间、村庄可建空间,并在较长一段时间内对乡村保护与发展起到引导作用,以期达到村域"一张图"总体布局目标。

1.村域规划重点

在河南省自然资源厅颁布的《河南省村庄规划导则(2019)》中提出村域规划的要点:

村域空间布局规划落实上位国土空间规划中确定的空间分区分类管控要求,统筹安排生态、农业和建设空间。允许在不改变县级国土空间规划主要控制指标情况下,优化调整村庄各类用地布局。涉及永久基本农田和生态保护红线调整的,严格按国家有关规定执行,调整结果依法落实到村庄规划中。划定生态保护红线和永久基本农田红线,划定水域坑塘蓝线和历史文化保护范围线,统筹安排农村宅基地、经营性建设用地、设施农用地、基础设施和公共服务设施用地的规模、布局、范围等。结合村庄实际,可探索规划"留白"机制,在村庄规划中预留不超过5%的建设用地机动指标,村民居住、农村公共公益设施、零星分散的乡村文旅设施及农村新产业、新业态等用地可申请使用。对一时难以明确具体用途的建设用地,可暂不明确规划用地性质。建设项目规划审批时落地机动指标、明确规划用地性质,项目批准后更新数据库。机动指标使用不得占用永久基本农田和生态保护红线。

总结起来看,村域规划时的关键点有以下三个方面:

①守好底线。尤其是守护好永久基本农田、生态保护红线的两大控

制线,这两条线在乡村地区的矛盾尤其凸显,村域范围内拥有着大量的耕地,坑塘水系、公益林地等等,在村域规划时,要控制好这两条线,其他用地布局避免占用耕地,避免破坏生态资源。

②乡村产业用地的预留。乡村的发展靠乡村产业,除了乡村百姓赖以生存的一产的农林牧渔之外,未来乡村的发展需要靠乡村产业,乡村产业一定是符合该乡村资源禀赋、区位特征的,也存在目前产业特征不甚明晰,也可以在预留乡村产业发展用地,为未来发展做出预留空间。在国家层面提出的《乡村振兴战略规划(2018—2022)》中,也明确地指出:

统筹农业农村各项土地利用活动,乡镇土地利用总体规划可以预留一定比例的规划建设用地指标,用于农业农村发展。根据规划确定的用地结构和布局,年度土地利用计划分配中可安排一定比例新增建设用地指标专项支持农业农村发展。

在 2020 年,中央一号文件中进一步指出:

开展乡村全域土地综合整治试点,优化农村生产、生活、生态空间布局。在符合国土空间规划前提下,通过村庄整治、土地整理等方式节余的农村集体建设用地优先用于发展乡村产业项目。新编县乡级国土空间规划应安排不少于10%的建设用地指标,重点保障乡村产业发展用地。省级制定土地利用年度计划时,应安排至少5%新增建设用地指标保障乡村重点产业和项目用地。

这一系列的政策指向,可见乡村产业发展的重要性。

③优化村庄和村域之间的关系。村庄范围是乡村生活、居住以及生产的集中地,配套设施等相对完备,在处理村域范围内的建设用地,尽量靠近村庄范围,以便资源能够达到共享。同时,各个村民组用地尽量集中,也达到土地利用的集约化。

以盂钵桥村为例进行阐述在国土空间规划背景下,如何进行村域规划方面的内容(图 6-8)。主要聚焦于以下三点:

①与上位的乡镇国土空间规划进行对接,在上位规划中,将盂钵桥村定位为特色保护类型乡村,同时根据整个乡镇的统筹安排,将乡村建设用地增加了 1.11 ha。

②保持乡村基底,落实上级规划约束性指标和强制性内容(耕地保有量、永久基本农田、生态保护红线等),对全域空间进行分析,识别适宜

生态保护、农业生产和建设的区域,使布局优化有依据。最大限度地保持盂钵桥村的坑塘水系以及连成片的耕地。

　　③结合空间发展主轴增加产业用地,围绕贯穿盂钵桥村的十字交叉的道路体系而确立的空间发展主轴,而增加点状的产业用地,促进乡村结构的进一步加强。

图6-8、图6-9电子图

盂钵桥村村庄现状用地汇总表				
一级类		二级类		用地面积/hm²
1	耕地	101	水田	66.46
		102	水浇地	42.21
		103	旱地	3.80
2	园地	201	果园	18.17
3	林地	301	乔木林地	3.81
		304	其他林地	18.73
4	草地	403	其他草地	0.07
6	农业设施建设用地	601	乡村道路用地	5.80
		602	种植设施建设用地	0.80
7	居住用地	703	农村宅基地	20.09
8	公共管理与公共服务用地	801	机关团体新闻出版用地	0.46
		805	体育用地	0.45
12	交通运输用地	1202	公路用地	4.32
13	公用设施用地	1302	排水用地	0.11
15	特殊用地	1506	殡葬用地	3.02
17	陆地水域	1701	河流水面	34.91
		1704	坑塘水面	56.02
		1705	沟渠	2.53
			总计	281.78

(a)规划前

162

孟钵桥村村庄规划用地汇总表				用地面积/hm²	变化量/hm²
一级类		二级类			
1	耕地	101	水田	66.06	−0.40
		102	水浇地	41.08	−1.13
		103	旱地	3.80	0.00
2	园地	201	果园	18.17	0.00
3	林地	301	乔本林地	3.81	0.00
		304	其他林地	18.91	0.18
4	草地	403	其他草地	0.07	0.00
6	农业设施建设用地	601	乡村道路用地	5.81	0.01
		602	种植设施建设用地	0.50	−0.30
7	居住用地	703	农村宅基地	20.60	0.51
8	公共管理与公共服务用地	801	机关团体新闻出版用地	0.46	0.00
		804	红色教育基地	0.31	0.31
		805	体育用地	0.45	0.00
9	商业服务业用地	901	商业用地	0.35	0.35
12	交通运输用地	1202	公路用地	4.32	0.00
		1208	交通场站用地	0.10	0.10
13	公用设施用地	1302	排水用地	0.11	0.00
14	绿地与开敞空间用地	1403	广场用地	0.29	0.29
15	特殊用地	1506	殡葬用地	3.02	0.00
16	留白用地			0.10	0.10
17	陆地水域	1701	河流水面	34.91	0.00
		1704	坑塘水面	56.01	0.01
		1705	沟渠	2.53	0.00
			总计	281.78	

(b) 规划后

图 6-8　村域用地规划前后对比

2.村域空间管制

村域空间管制是进一步对村域空间内土地进行管理的一种手段,基于生态环境保护、土地资源利用和城乡发展建设对乡村村域进行空间管制,通过生产、生活、生态等三生空间的结构控制图(图6-9),落实并校核上位的生态保护红线、基本农田保护红线,科学合理地划定村庄建设边界。

生态空间是具有生态防护功能的可提供生态产品和生态服务的地域空间;生活空间是人们日常生活活动使用空间;生产空间是人民从事生产活动的特定功能区域。三生空间的实践应用主要集中于现状评价或建设适宜性评价等规划前期阶段,在实际应用中,也确实发现三生空间的划定存在一定问题。比如,三生空间会出现一定的交叉、重叠,难以准确界定,对于城市而言,农田果林这类区域是城市的生态空间,但对于广大乡村来说,这些农田果林用地则是生产空间;在不同地理尺度上,三生空间识别可能会出现不一致的现象,尤其是在宏观区域层面存在识别困难的问题。

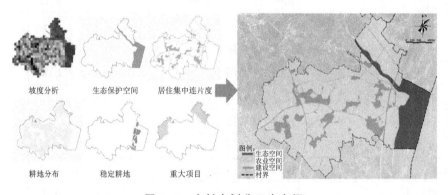

坡度分析　　生态保护空间　　居住集中连片度

耕地分布　　稳定耕地　　重大项目

图例:
生态空间
农业空间
建设空间
村界

图6-9　乡村中划分三生空间

乡村基本农田保护红线(浒子口村庄规划)

"三线"属于国土空间的边界管控,对国土空间提出强制性约束要求。生态保护红线是在生态空间范围内具有特殊重要生态功能,必须强制性严格保护的陆域、水域、海域等区域而划定的实施强制性保护的空间边界。基本农田保护红线是指按照一定时期人口和经济社会发展对农产品的需求,依据国土空间规划确定的不得擅自占用或改变用途的耕地。城镇开发边界是在一定时期内因城镇发展需要,可以集中进行城镇开发建设,重点完善城镇功能的区域边界,涉及城市、建制镇以及各类开发区等。"三线"的划定协调坚持生态优先的总原则。在规划冲突或模棱两可的时候,优先划定生态红线和基本农田保护红线。

除了校核和划定生态保护红线和永久基本农田红线外,还需要划定水域坑塘蓝线和历史文化保护范围线。蓝线主要指在村庄规划中确定的江、河、湖、库、渠和湿地等村域地表水体保护和控制的地域界线。乡村蓝线是需要长期保留的乡村河道规划线,沿河道新建的建筑物均应按规定退让蓝线,以便保证河道运输、防洪抢险及水利规划的正常实施。历史文化保护范围线主要指历史文化名村、传统村落等的保护范围界线,以及文物保护单位、历史建筑、传统风貌建筑、重要地下文物埋藏区等的保护范围界线。保护范围界线一般可以分为保护范围和建设控制地带。

3.村域空间总体布局

村域空间总体布局是乡村的社会、经济、自然以及工程技术、环境艺术、规划引导的综合反映,是村域规划的空间落实,也是村域规划的最终目的。乡村资源环境条件评估、目标定位研究、生态保护规划、文化传承规划、产业发展规划、空间管制划定、服务设施配置、人口分布引导等都会在村域总体布局——反映出来,也是前期分析、研究、演绎的综合表达。村域空间总体布局包括以下四方面内容:

(1)功能分区

明确村域的生态保护区、农业生产区、农副产品加工区、旅游发展区、居民生活区、公共服务区等分区的功能组成及位置分布,并绘制村域功能结构图。

(2)空间结构

主要提炼村域的空间发展的主要脉络,一般沿着乡村未来发展的主要空间展开,空间结构给予乡村主要用地布局进行指引。

(3)村域用地布局

以山、水、林、田、村为背景,以村域路网为框架,明确村域内居住、生产、公共服务等建设用地规模与范围,绘制村域用地布局图。村域用地布局图对整个村域的生态空间、生产空间和生活空间进行统筹布局。

(4)村域空间设计

村域空间设计是村域各类建设用地和建设项目的总体空间设计,是村域用地布局的深化性内容,村域空间设计应该清晰地表达各类用地的位置、规模等指标。

6.2.6　村庄居民点规划

1.主要任务

总的来看,村庄居民点主要任务有三个:规划宅基地规模,总体平面布局设计,建筑单体及空间景观设计。在《河南省村庄规划导则(2019)》中对村庄居民点规划这样规定:

宅基地总量确定应严格执行"一户一宅"政策,一户村民只能拥有一处宅基地,并按照城镇郊区和人均耕地少于一亩的平原地区,每户宅基地面积不得超过两分;人均耕地一亩以上的平原地区,每户宅基地面积不得超过两分半;山区、丘陵区每户宅基地面积不得超过三分的标准,合理确定宅基地规模。

(一)总平面布局。结合村庄地形地貌、居住习惯、地域文化、村庄建设脉络和街巷格局等,合理确定村庄总平面布局;提出公共空间的布局和建设要求;明确村庄内外部道路的建设标准和断面形式。村庄居民点建设应避开地质灾害隐患点、避让区,退让铁路、高压走廊、国道、省道、县道、河流渠道水体等设施的距离应符合相关规定的要求,避免"沿路跑"等现象。

(二)建筑方案设计。确定村庄居民点建筑群的总体风貌定位,提出公共建筑设计方案、农房建筑设计方案及其组合方式,以及新建建筑的风格、色彩、选材要求,突出地方文化特色;明确现有建筑的整治方案和改造措施。

(三)空间景观设计。提出村庄居民点建设融入周边生态环境的具体措施;明确路灯、垃圾箱等街道设施、环境小品的设计和建设要求;提出村口、绿地、广场、路侧、宅间、庭院等地段的绿化美化要求。

村庄居民点规划的首要任务就是关于宅基地的划定,宅基地是关系到乡村百姓居住、生活的载体,也是事关老百姓民生的大事情,合理准确的根据乡村人口的规模、宅基地大小以及村庄现有建设用地的状况进行宅基地的增加或者减少。一般来说,乡村宅基地普遍存在着占地面积过大,闲置用地比例过高,用地权属复杂的状况,随着新一轮宅基地确权工作完成,也为我们在乡村规划的过程中合理布置宅基地有了明确的参考依据。

2.规划原则

在居民点规划的过程中,需要处理好几个关键的问题。

(1)处理好历史和新建的关系

乡村往往是历史的载体,为数不少的乡村中都留存有文保单位,具有历史价值的传统风貌建筑等等,尤其是一些文物等级不高的建筑,现状堪忧。在居民点改造的过程中,应结合现状,对旧村加以合理利用,对有历史文化基础的历史街区、历史地段、历史建筑、传统建筑等加以保护,为逐步改造提升创造条件。充分处理好新村与旧村的关系。新的建设不能破坏原有居民点的肌理、风貌和格局,应充分遵循传统布局模式。当然,强调旧村利用和新村建设,还要以发展的眼光对待存量改造与增量提升,以满足村民日益增长的现代生活的需求为出发点,以推进乡村产业发展为目标,否则就不可能从总体发展的高度出发,做出好的居民点布局方案。

(2)处理好近期和远期的关系

乡村规划的本质内涵之一就是预测,预测未来乡村发展的趋势,处理好近期与远期的关系。近期与远期是对立统一、相互依存的,居民点总体布局应同时关注居民点近期建设项目的可实施性和远期发展目标的可预见性。合理的近期规划可以为居民点理清建设重点,指导居民点近期建设,为远期发展建设奠定良好的基础;合理的远景规划反映居民点的发展趋势,为近期建设指明方向。

(3)处理好生产和生活的关系

乡村应该处理好百姓生产与生活之间的合理关系,通过融合与共生的关系来处理两者之间的关系。在居民点规划中,合理的配置商业服务设施用地、乡村产业用地等与农业生产相互配套,带动地方劳动力就业的产业,形成生产空间和生活空间分而不离,强调生产与生活的融合,通过商业、服务业、旅游业的发展带动居民点的整体提升,促进服务化、经营化、景区建设,提高居民点建设的多元化发展。

3.布局方案

布局方案主要包括居民点的用地布局方案和详细规划方案。用地布局方案在满足功能结构布局方案与建设用地指标要求的基础上,对村民住宅用地、公共服务用地、产业用地、基础设施用地和其他建设用地等进行合理布局,形成居民点土地利用布局方案。具体而言是基于居民点用地现状评价,综合考虑各类影响因素确定建设用地范围,充分结合居民点生产、生活、休憩、交通等功能,结合乡村服务设施布置标准,明确各类建设用地界线与用地性质,并提出居民点集中建设方案。

详细规划方案是指根据功能结构和用地布局方案,结合生产、生活、环境建设需求,详细布置村民住宅、公共服务建筑、基础设施和生产仓储用房。在详细规划方案中,需要关注乡村典型的公共空间的特征,注意延续乡村组团关系、道路体系、关注百姓当下和未来的需求(图6-10)。

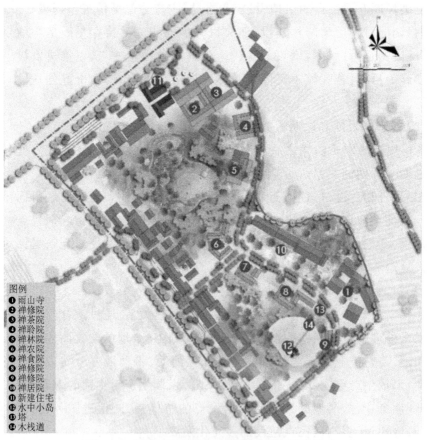

图例
❶ 雨山寺
❷ 禅修院
❸ 禅茶院
❹ 禅聆院
❺ 禅林院
❻ 禅农院
❼ 禅食院
❽ 禅修院
❾ 禅修院
❿ 禅居院
⓫ 新建住宅
⓬ 水中小岛
⓭ 塔
⓮ 木栈道

图6-10 雨山寺村村庄详细规划村口节点方案

[资料来源:雨山寺村庄规划(2021—2035)]

4.重点街坊详细方案

针对村庄中有历史特色、能反映乡村风俗习惯、能够代表乡村重要风貌特征的地段进行街坊层面的详细方案设计,目的是以核心街坊为样本地段,集中力量解决乡村的矛盾焦点问题,如新建样式、新老空间的延续、景观格局的塑造、宅院之间的新功能植入等方面,也可以进一步指导项目的实施与落地,通过点对整个乡村的格局进行预判和控制。

由于核心街坊往往是一个乡村的精髓所在,具有较高的历史价值,因此在详细方案设计的过程中主要遵循以下的原则:

①保持乡土原真性的原则。最大程度保持乡村的乡土气息,避免植入城市场景,因地制宜,形成地域特点的改造与发展。

②点穴式的干预原则。尽量保持已有的乡村空间格局,新植入的节点以点穴针灸的方式进行,避免大拆大建,抓住乡村中的关键节点,对乡村的关键节点进行修复和重组。

③尊重历史原真性的原则。尊重乡村的历史原真性,最大化地挖掘乡村历史上典型的物质空间格局、乡村百姓生活方式等等,给予历史最大化的尊重。以裴城村核心片区的详细设计为例,进行案例的剖析,重点阐述以上的三个原则如何运用。

(1)裴城村发展脉络

裴城村隶属于河南省漯河市郾城区裴城镇,位于漯河市西 25 公里,毗邻许昌市和舞阳县,2012 年底入选第一批国家级传统村落,2014 年 3 月入选河南省历史文化名村,裴城村是河南平原地区现存的为数不多的传统村落的案例。裴城村的历史可追溯到唐代,丞相裴度伐蔡州曾驻军于此,因此得名。整体形态呈椭圆形的龟背状,东西大街和南北大街交叉形成了十字形空间结构,老涧河由南向北穿村蜿蜒而过。从历史的发展轨迹来看,裴城村的空间转型可以分为三个阶段,格局完整阶段、格局碎片化阶段和格局重塑阶段。

阶段一:格局完整阶段(1970 年之前)。这个阶段裴城村保持着历史上延续下来的"水镇"格局,环壕和寨墙保存完整,建筑少有破坏。水系以老涧河为主脉,河上石桥林立,《郾城县记·重修石桥钟楼序》中有载:"裴城镇旧名涧曲环,皆水镇中东南石桥,一偏北石桥,镇之东南复有石桥。"核心街坊则以乾隆十七年修建的彭家大院为主,南北共有七进院落,占据了整个街坊,街坊内部东西方向以窄窄的马道隔开。从村民彭海欣(91岁)手绘图纸(图6-11)可以清晰地看出裴城的完整格局。

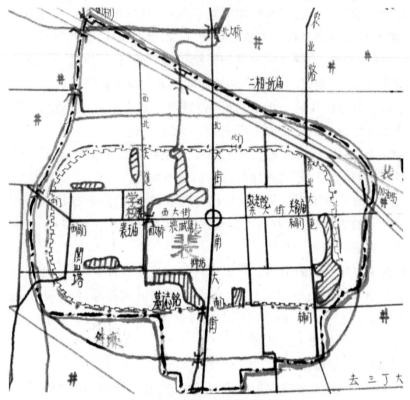

图6-11　村民彭海欣绘制的历史地图

(资料来源:彭海欣提供)

阶段二:格局碎片化阶段(1970—2010年)。由于特殊历史原因,这个阶段裴城村的格局不断遭到破坏,主要体现在寨墙被拆除,环壕陆续被填;核心街坊建筑样式虽然保持完整,但是由于产权私有化给街坊内部空间造成了很大的破坏,比如把一组完整的院落切分为单个院落或者单栋房子给老百姓使用,有的百姓占据院落空间进行建设,同时,每家每户都要寻找单独的出口通向外部,因此造成了从系统的空间递进关系变成了割裂破碎的空间形式。同时,贯穿核心街坊的老洄河断流,变成了阻碍村落内部联系的屏障,垃圾倾倒于其中,污水横流。

阶段三:格局重塑阶段(2010年之后)。这个阶段,裴城村分别对老洄河沿线、核心街坊进行了更新改造。通过疏通河道、改造岸线、增设石桥,增强了老洄河沿线的通达性和河两岸之间的联系。在尊重历史格局的前提下,核心街坊更新改造融入新的功能,梳理了街坊内部的空间流线(图6-12)。

图6-12　核心街坊现状

(资料来源:笔者自摄)

以裴城村中的核心街坊为例,保护为前提,重点在发展,融入现代生活功能,确定合理流线,重塑传统的街巷、院落空间及传统建筑风貌,传承裴城文化,达到可持续利用的目的。同时,全面改善街坊内百姓的居住环境和生活条件,保护与发展相结合,给村落注入新的活力。

传统村落是个复杂的矛盾体,村落进入良性循环发展需要多方面的因素,如需要符合百姓意愿、村落功能的改善、具有历史价值的建筑和环境要素的保护与修缮、大批发展资金的投入、村落空间的复兴、后续运营、基础设施、服务设施的改善等等,这些都是亟须处理的问题。仅停留在纸面上的保护对于传统村落是无益的,保护与发展并举才是村落真正的发展途径,以问题最为集中的核心街坊为对象,进行复兴的实验性规划设计,以点带面,通过一个点的更新带动整个村落的改变,是对村落保护与发展并举的一种尝试。

(2)核心街坊的空间层次转换

随着时间的推移,核心街坊空间脉络呈现出了明显的变化节点。新中国成立前核心街坊的空间层次非常清晰,根据村中老人回忆描述得知,新中国成立前街坊是一个完整的单元,呈现出了街、巷道、院落的空间递进关系,形成了"公共—半公共—私密"的空间模式,主要以村中十字街为主要骨架,与多条南北方向巷道连接,巷道再与院落连接。彭家、贺家都为多进式院落格局,院落只是进行内部南北联系,两组多进院落之间有窄窄的马道分割,马道直接联系着巷子或者街道。新中国成立后,整体性格局由于院落产权的再分配被打破。多进式院落格局被打破,原有空间层次也随之消失,一户一院,每个院落单元均想办法打通通道,直接与外联系,与主街道相连,缺少了空间过渡(图6-13)。

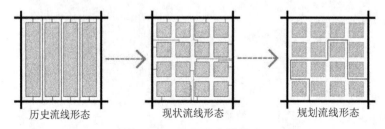

| 历史流线形态 | 现状流线形态 | 规划流线形态 |

图6-13　空间层次的转变

设计中力图在恢复街坊传统格局丰富的层次,并使之符合现代功能的使用,重塑街巷院落的空间格局。规划设计中,首先将街坊作为一个整体来考虑,清理院落之间原用作马道的窄巷,使之畅通,强化院落空间之间的联系;根据功能分区重新组织人的流线,增强空间的引导性,打破原有的流线方式,利用主次流线将整个街坊进行串联,形成了开放、半开放和封闭的空间,在主流线上增设了入口引导空间、舞台空间、商业空间等开放性的空间;院、巷等空间利用墙面开设漏窗,隔而不断,达到步移景异的空间效果;对传统空间的修复都以传统的材料和技艺进行,以古砖老瓦重铺地面,不改变原有的风貌特征,使传统街巷的空间环境更加协调(图6-14)。

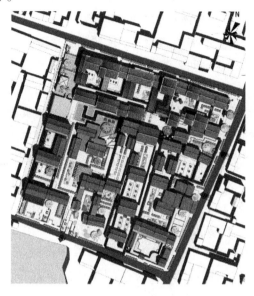

图6-14 规划总平面

(3)核心街坊的功能复合化

核心街坊现有的功能非常单一,以居住为主,仅有一处院落在新中国成立前曾经为沙北办公旧址。居住的模式以院落来划分的格局,一家一个院落空间或者几家共同分享一个院落。从裴城整体的角度来看,功能也比较单一,商业、文化娱乐、教育等设施也很匮乏。从弥补村落功能缺失,完善村落整体功能的角度出发来考虑,将核心街坊块单一的居住功能转变为复合型的街坊块也是非常有必要的(图6-15)。

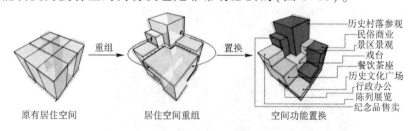

图6-15 功能复合化

功能复合化,即将文化娱乐、展览、旅游服务、商业等功能融入裴城村核心街坊中去。主张核心街坊改造成一个集居住、旅游、商业、娱乐等功能于一体的特色传统街巷,在保护街巷的整体风貌和村民的合法居住权益的基础上适度开展旅游、商业等经济活动,实现经济创收,提高村民的生活水平,以点带面,一方面核心街坊弥补村落整体功能不足的缺陷,另一方面也激活村落,带动整个村落进入良性循环。增加的功能都不能脱离村落而孤立的存在,文化娱乐主要以村落的独杆轿等民间表演为主的空间进行拓展,其中利用空地设置了舞台,辅以书法创造园、农家乐经营等;设置展示村落历史的博物馆空间,收集散落在村落中的匾额、碑文石刻以及其他的农业文明器具进行集中展示;设置非物质文化遗产的经营空间,村落中的"羊肠埋线"民间医术远近闻名,在核心街坊提供院落空间支持其经营,延续文明传承;同时这里也是展示裴城文明的核心承载区,也会成为展示村落历史和历史建筑的最佳窗口。

　　(4)村落活力塑造与提升

　　村落活力的塑造也是衡量村落发展是否成功的一个重要标准。村落活力是由百姓生活状况、公共空间塑造、村落基础设施等多方面构成。百姓是村落经营的主体,百姓生活是村落的重要组成部分,也是村落不可或缺的组成部分;塑造重点公共空间以及院落空间,重点公共空间是带动村落整体活力的激发点,院落空间则是百姓日常生活发生地;村落的基础设施等是保证村落活动发生正常运行的平台(图 6-16)。

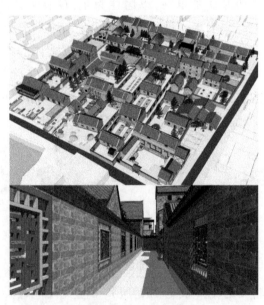

图 6-16　规划后整体风貌(上);更新后的巷道(下)

①以百姓为经营主体。村落中的原住百姓良好的生存状况是村落活力的重要保障,在规划开始就进行保证村民的意愿调查,摸清百姓的真实愿望。问卷调查是主要手段,根据村中的常住人口数量,发放调查问卷1000份,保证一户一卷,从村落基本状况、村落特色调查、村落未来经营模式等进行了详细的调查和摸排,准确掌握百姓内心的意愿,指导进一步的设计。

村落核心街坊院落空间的经营主体为村落百姓,改造之后的院落根据意愿调查,不改变院落的产权,百姓在村集体的主导下经营自己的宅院,经营与生活相结合(图6-17)。

35.若未来村子形成了一个著名景点,您作为其中的一员打算如何参与?
a.以房子或土地抵押成为股东之一,分红20.6%
b.以个体户的形式参与到村落的日常运行和管理22.3%
c.将房子或土地租给村委,由村委统一经营管理,收取租金66.4%
d.出售房屋产权给村委,搬入社区3.0%

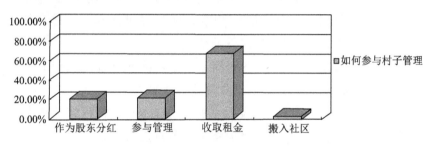

图6-17　部分统计结果

(资料来源:笔者整理)

②院落活力的塑造。院落空间一直以来就是百姓主要的活动空间,是自我经营的私密空间。核心街坊院落空间大部分处在一种荒废状况,杂草丛生,缺少应有的活力。院落活力的塑造从地面铺装、院落围合界面等角度来重塑,运用地域材料如砖、石板等将院落的空间分区强调出来;从另外一个角度来说,通过院落的围合界面营造院落丰富的空间层次,院落空间一般来说南北两侧都为民居建筑,东西两侧利用墙体来分割,现有的墙体不少已坍塌,利用漏窗、窗洞把墙体实界面转化为可通透视线的虚界面。

③重点营造公共空间活力。在核心街坊中重点打造一处公共活动空间作为百姓生活活力的激发点,在街坊利用现有的空地中增加了舞台

表演的空间,村中的独杆轿、高跷活动非常有传统,重大节日都会进行表演,但却缺少固定的活动空间和训练空间,增设这些公共活动空间本身就是强化百姓的生活,为百姓活动提供空间场所,延续这些非物质文化遗产的活力。

④人居环境的改善。原有的裴城村居住环境差,基础设施差,是不争的事实,通过老洄河线性空间、核心街坊空间等的改造,根治街坊河道及沿线的生活垃圾的污染,改变了乡村空费化的现状,同时增加消防栓、小型消防车等防火、防灾设备,这些是村民安居生活的基本保障。

(4)施工完成后的空间评价

裴城通过老洄河沿线环境整治以及核心街坊院落空间的整治,达到了改善局部环境,以点带面,激发乡村整体活力的目的。虽然项目本身有些目的没能达到,但是极大地改善了乡村的局部空间,融入了新的功能,将核心街坊从荒废化、杂草丛生、无法进入的现状,重新秩序化,建立了新的流线,并不断地植入新的功能,为乡村激活提供样本。通过几年持续不断的努力,乡村空间主要有以下的变化:

①建立了老洄河南北纵向的空间联系,从老洄河的南大坑到北大坑,形成了联系的轴线,将原有的院落秩序进行了整合。

②将空间流线进行了重构,并没有一味地复古,而是将传统流线与街坊未来的发展定位合二为一,有机地将关键节点进行串联。

③为下一步融入新功能做出了基础工作,乡村只有植入了新的功能,才能产生新的活力,目前已经植入的新功能有乡村诊所、村史馆、苏进事迹展室等。

核心街坊改造后院落空间及马道空间见图6-18。

图6-18　核心街坊改造后院落空间及马道空间

(资料来源:笔者自摄)

裴城的几个项目下来,我们也进一步做了细致的研究,核心街坊的空间改造和流线植入,也对裴城村整体的空间结构产生了一定的影响,如项目主要集中在乡村的南北大街的西侧,对乡村中心的位置产生了一定的改变。乡村落地项目的选择也应该从乡村的整体格局发展的角度出发。

6.2.7　公共服务设施与基础设施规划

根据服务设施内容不同,乡村的服务设施主要分为公共服务设施和基础服务设施(图6-19)。目前乡村普遍存在着公共服务设施不足,基础设施条件差的局面,目前越来越多的乡村振兴都是以乡村服务设施为抓手而展开的,如2017年国家层面提出的厕所革命,在河南乡村进行了污水的专项治理工作。

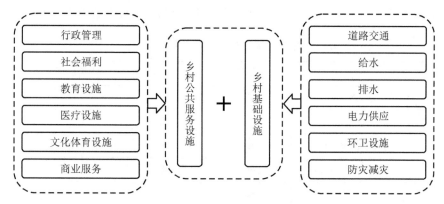

图 6-19　乡村服务设施类型

(**资料来源**:乡村规划与设计)

在《河南省村庄规划导则(试行)》中,对基础设施和公共服务设施做出了详细的要求。基础设施从道路交通规划、供水、排水、电力、燃气、环卫等方面展开(表6-7)。

①道路交通规划。落实上位规划确定的区域性道路、交通设施建设及相关防护要求;结合地形地貌、村庄规模、村庄形态、河流走向,确定村域生产和生活道路的走向、宽度及建设标准。合理设置公交站场、公共停车场等交通设施,明确其规模与布局。有旅游等功能的村庄应结合旅游线路规划公共停车场。有大型农机具集中停放需求的村庄,应结合农业设施用地进行布置。

②供水工程规划。预测村庄供水量,确定村庄供水水源、供水方式、供水规模、供水管径及供水管网敷设方案。

③排水工程规划。村庄污水收集与处理遵循就近原则,靠近城区、镇区的村庄生活污水宜优先纳入集中处理系统。难以纳入集中污水处理系统的村庄,优先采取生态处理方式。雨水应充分利用地表径流和沟渠就近排放。

④电力通信工程规划。预测村庄用电负荷和通信需求,合理确定电力、通信设施的建设标准和敷设方式。

⑤燃气设施规划。确定村庄气源,预测村庄燃气需求量,明确燃气调压设施位置及燃气管线走向。

⑥环卫设施规划。预测垃圾产生量,合理确定生活垃圾收集和转运方式,确定垃圾收集点和转运站的位置和规模;结合村庄发展规模和布局,明确公共厕所位置,根据"厕所革命"要求提出户厕的改造方案。

表 6-7　村庄基础设施分类及项目配置

类别	项目	集聚提升类	特色保护类	整治改善类
道路交通	公交站点	●	●	○
	停车场	●	●	○
市政设施	变压器/配电室	●	●	●
	液化气储配站	●	●	○
	污水处理设施	●	●	●
	水泵房	非集中供水村庄		
环境卫生	垃圾收集点	●	●	●
	垃圾中转站	●	○	○
	公厕	●	●	○

资料来源:河南村庄规划导则(试行)2019。

注:●——为应设的内容　○——为可设的内容。

公共服务设施从依据村庄类型,围绕10分钟乡村生活圈,合理布置村庄公共管理、文体教育、医疗卫生、社会福利和商业服务等公共服务设施,明确设施的位置和规模。公共服务设施的建设应符合当地村民的生产生活习惯,突出地域乡土风貌特色(表6-8)。

表 6-8　村庄公共服务设施分类及项目基本配置表

类别	项目	集聚提升类	特色保护类	整治改善类
行政管理	村委会	●	●	●
教育设施	小学	●	○	○
教育设施	幼儿园	●	●	○
文化科技	文化大院	●	●	●
体育设施	健身广场	●	●	○
医疗设施	村卫生室	●	●	●
社会保障	村级养老院	●	○	○
商业服务	小卖部	○	○	●
商业服务	小型超市	●	●	○
商业服务	餐饮、特产店	○	●	○
商业服务	旅馆、招待所	○	○	○

资料来源: 河南村庄规划导则(试行)。

注:1.●——应设的内容　○——可设的内容。

　　2.结合教育部门整合教育资源的要求,小学和托幼的设置可根据实际情况采取几个村合并建设。

参考文献

[1]任崇岳. 中原地区历史上的民族融合[M].呼和浩特:内蒙古人民出版社,2004.

[2]王会昌. 中国文化地理[M]. 武汉:华中师范大学出版社,2010.

[3]刘莉. 中国新石器时代:迈向早期国家之路[M]. 北京:文物出版社, 2007.

[4]金其铭. 农村聚落地理[M]. 北京:科学出版社, 1988.

[5]彭一刚. 传统村镇聚落景观分析[M]. 北京:中国建筑工业出版社, 1992.

[6]郭瑞民. 豫南民居[M]. 南京:东南大学出版社, 2011.

[7]赵春青. 郑洛地区新石器时代聚落的演变[M]. 北京:北京大学出版社, 2001.

[8]周振鹤. 中国历史政治地理十六讲[M]. 北京:中华书局, 2013.

[9]李立.乡村聚落:形态、类型与演变:以江南地区为例[M].南京:东南大学出版社,2007.

[10]胡振洲. 聚落地理学[M]. 台北:三民书局, 1977.

[11]张光直.考古学专题六讲[M].北京:文物出版社,1986.

[12]岳庆平.家国结构与中国人[M]. 香港:中华书局, 1989.

[13]王昀. 传统聚落结构中的空间概念[M]. 北京:中国建筑工业出版社, 2009.

[14]李秋香. 庙宇[M]. 北京:生活·读书·新知三联书店, 2006.

[15]费孝通.乡土中国[M].上海:上海世纪出版集团,2005.

[16]李京生. 乡村规划原理[M].北京:中国建筑工业出版社, 2018.

[17]陈前虎.乡村规划与设计[M].北京:中国建筑工业出版社,2018.

[18]比尔·希利尔. 空间是机器:建筑组构理论[M]. 杨滔,张佶,王晓京,译.北京:中国建筑工业出版社, 2008.

[19]路易斯·H·摩尔根.印第安人的房屋建筑与家室生活[M].秦学圣,汪季琦,顾宪成,译.北京:文物出版社,1992.

[20]芦原义信.外部空间设计[M].尹培桐,译.北京:中国建筑工业出版

社,1985.

[21]诺伯格·舒尔兹.存在·空间·建筑[M].尹培桐,译.北京:中国建筑工业出版社,1990.

[22]R.J.约翰斯顿.人文地理学词典[Z].柴彦威,等译.北京:商务印书馆,2004.

[23]原广司.世界聚落的教示100[M].于天玮,等译.北京:中国建筑工业出版社,2003.

[24]藤井明.聚落探访[M].宁晶,译.北京:中国建筑工业出版社,2003.

[25] YU H, LUO Y, LI P, et al. Water-Facing Distribution and Suitability Space for Rural Mountain Settlements Based on Fractal Theory, South-Western China[J]. Land, 2021, 10:96.

[26] LIU Y, KONG X, LIU Y, et al. Simulating the conversion of rural settlements to town land based on multi-agent systems and cellular automata[J].PlosOne, 2013, 8(11): e79300.

[27] HILLIER B ,HANSON J . The Social Logic of Space[M]. Cambridge University Press, 1984.

[28]ZHANG D, SHI C H, LI L R . Study of the differences in the space order of traditional rural settlements[J].Journal of Asian Architecture and Building Engineering,2022:461-475.

[29] DAWSON P C. Space Syntax Analysis of Central Inuit Snow Houses [J]. JouRnal of Anthropological Archaeology,2022,21 (4):464-480.

[30]郑东军. 中原文化与河南地域建筑研究[D].天津:天津大学,2008.

[31]张东. 中原地区传统村落空间形态研究[D].广州:华南理工大学,2015.

[32]丁宏. 春秋战国中原与楚文化区科技思想比较研究[D]. 太原:山西大学,2012.

[33]张楠. 作为社会结构表征的中国传统聚落形态研究[D]. 天津:天津大学, 2010.

[34]李炎. 清代南阳"梅花城"研究[D].广州:华南理工大学,2010.

[35]张玉坤.聚落·住宅-居住空间论[D].天津:天津大学,1996.

[36]丁菁菁. 宁国府地区传统村落的空间分布与空间形态的研究

［D］.合肥:安徽农业大学,2018.

［37］薛瑞泽.中原地区概念的形成［J］.寻根,2005(5):10-12.

［38］张新斌.河洛文化若干问题的讨论与思考［J］.中州学刊,2004
(5):146-150.

［39］顾建娣.咸同年间河南的圩寨［J］.近代史研究,2004(1):100-
128,321.

［40］鲁鹏,田燕,杨瑞霞.环嵩山地区9000 aB.P.-3000 aB.P.聚落规模
等级［J］.地理学报,2012,67(10):1375-1382.

［41］郭黛姐."天地之中"的嵩山历史建筑群［J］.中国文化遗产,2009
(3):10-18,4,6.

［42］周昆叔,张松林,张震宇,等.论嵩山文化圈［J］.中原文物,2005
(1):12-20,1-97.

［43］方智果,宋昆,叶青.芦原义信街道宽高比理论之再思考:基于"近
人尺度"视角的街道空间研究［J］.新建筑,2014(5):136-140.

［44］李钜章.中国地貌形态基本类型数量指标初探［J］.地理学报,1982
(1):17-26.

［45］周扬,黄晗,刘彦随.中国村庄空间分布规律及其影响因素［J］.地理
学报,2020,75(10):2206-2223.

［46］田健,曾穗平.城市边缘区乡村产业系统风险评估与韧性格局重构:
以天津市西郊乡村地区为例［J］.城市规划,2021,45(10):19-30,58.

［47］罗德胤.中国传统村落谱系建立刍议［J］.世界建筑,2014(6):104-
107,118.

［48］杨希.近20年国内外乡村聚落布局形态量化研究方法进展［J］.国
际城市规划,2020,35(4):72-80.

［49］乔鑫,李京生,刘丽.乡村振兴的网络途径及其实践探索［J］.城市发
展研究,2018,25(4):9-17.

［50］张小林.乡村概念辨析［J］.地理学报,1998,53(4):7.

［51］韩文甫,李霖.清代河南乡规民约碑刻在乡村社会治理中的功能作
用［J］.中州学刊,2020(10):130-137.

［52］袁媛,肖大威,黄家平,等.传统村落边界空间保护初探［J］.南方建
筑,2014(6):48-51.

[53]陈紫兰.传统聚落形态研究[J].规划师,1997(4):37-41.

[54]巩启明,严文明.从姜寨早期村落布局探讨其居民的社会组织结构[J].考古与文物,1981(1):63-72

[55]李钜章.中国地貌形态基本类型数量指标初探[J].地理学报,1982(1):17-26.

[56]田达睿,周庆华.国内城市规划结合分形理论的研究综述及展望[J].城市发展研究,2014,21(5):96-101.

[57]王嘉睿.基于分形理论的川渝山地聚落空间形态解析[D].重庆:重庆大学,2017.

[58]李彦潼,朱雅琴,周游,等.基于分形理论下村落空间形态特征量化研究:以南宁市村落为例[J].南方建筑,2020(5):64-69.

[59]郭晓东,马利邦,张启媛.基于GIS的秦安县乡村聚落空间演变特征及其驱动机制研究[J].经济地理,2012,32(7):56-62.

[60]林忆南,金晓斌,杨绪红,等.清代中期建设用地数据恢复与空间网格化重建:方法与实证[J].地理研究,2015,34(12):2329-2342.

[61]孙莹,王玉顺,肖大威,等.基于GIS的梅州客家传统村落空间分布演变研究[J].经济地理,2016,36(10):193-200.

[62]谭刚毅,阙瑾.乡村聚落的空间形态研究案例:石头板湾[J].建筑师,2010(2):46-56.

[63]徐会,赵和生,刘峰.传统村落空间形态的句法研究初探:以南京市固城镇蒋山何家-吴家村为例[J].现代城市研究,2016(1):24-29.

[64]陶伟,陈红叶,林杰勇.句法视角下广州传统村落空间形态及认知研究[J].地理学报,2013,2(2):209-218.

[65]比尔·希列尔,盛强.空间句法的发展现状与未来[J].建筑学报,2014(8):60-65.

[66]陈驰,李伯华,袁佳利,等.基于空间句法的传统村落空间形态认知:以杭州市芹川村为例[J].经济地理,2018,38(10):234-240.